长大就是边走边选

高价值4年 成就高势能一生

李尚龙 著

中信出版集团|北京

图书在版编目（CIP）数据

长大就是边走边选：高价值 4 年，成就高势能一生 /
李尚龙著 . -- 北京：中信出版社，2023.4
ISBN 978-7-5217-5363-9

I. ①长⋯ II. ①李⋯ III. ①成功心理－通俗读物
IV. ① B848.4-49

中国国家版本馆 CIP 数据核字（2023）第 032304 号

长大就是边走边选——高价值 4 年，成就高势能一生
著者：　　李尚龙
出版发行：中信出版集团股份有限公司
（北京市朝阳区东三环北路 27 号嘉铭中心　邮编　100020）
承印者：　河北赛文印刷有限公司

开本：880mm×1230mm 1/32　　印张：9.75　　字数：200 千字
版次：2023 年 4 月第 1 版　　　　印次：2023 年 4 月第 1 次印刷
书号：ISBN 978-7-5217-5363-9
定价：59.00 元

版权所有·侵权必究
如有印刷、装订问题，本公司负责调换。
服务热线：400-600-8099
投稿邮箱：author@citicpub.com

当一个人问两条路应该走哪条的时候，
　　聪明的人已经踏上了征途，
　　他们一边走，一边做选择。

　　后来发现，其实都是爬山，
　　山顶上往往包含两条路的终点。

1 学历的真相

要不要提高自己的学历？ 003 ｜ 上了大学，应该自主学习哪些技能？ 011 ｜
选错专业，该如何逆袭？ 019 ｜ 大学期间该不该多考一些证书？ 029 ｜
去参加社团和学生会，但不要着迷于"权力" 038 ｜
临近毕业，选择考研还是工作？ 048 ｜ 留学背后的真相 056 ｜
应不应该考公务员？ 066 ｜ 未来职场需要哪些软技能？ 071 ｜

3 向上成长

在二流大学里成为一流人才 157 ｜
这个时代需要的是"专才"还是"通才"？ 167 ｜
普通人如何在新领域实现爆发式成长？ 177 ｜
怎样用一年时间成为一个牛人 183 ｜
合理使用时间，让效率翻倍 188 ｜
关于精力分配的几个秘密 196 ｜

5 不要让自己只是看起来很努力

没人在乎你多么努力，人们只看结果 263 ｜
关于梦想的五条定律 268 ｜
如果明天是世界末日，你会不会感到后悔？ 276 ｜
毕业就分手的恋爱要不要谈？ 283 ｜

目录

前言
到底什么才是大学生？

2 有效学习

读大学究竟在读什么？ 085 ｜ 别在该学习的时候忙于赚钱 096 ｜
为什么学习语文很重要？ 103 ｜ 为什么要阅读原著？ 111 ｜
你应该如何利用互联网平台进行学习？ 118 ｜
考完四六级后该怎么学英语？ 125 ｜ 英语口语比你想象的更重要 133 ｜
为什么要读书？ 140 ｜

> **链接**
> 大学生必读的 50 本书
> 大学生必看的 30 部电影

4 打碎思想，重塑思维

大学时期要避开的思维"四坑" 207 ｜
什么才是好学生？ 215 ｜
内向的人应该如何社交？ 221 ｜
室友招人讨厌怎么办？ 228 ｜
如何与家长平等交流？ 236 ｜
如何对待性行为？ 246 ｜
怎么扩大自己的圈子？ 253 ｜

后记
未来的学校会是什么样？

前言
到底什么才是大学生？

这本书从第一版到今天，已经 6 年了。

6 年，对很多人来说，像一辈子；对于很多年轻人来说，刚好从高三到大学毕业。

记得准备动笔写这本书时，我还在给大学生上有关英语四六级的课。那年，我才 26 岁，已经是教培行业的名师。那时，我联合创始的公司考虫网经过 D 轮融资，估值 4 亿美元，而我每年能影响的大学生有 20 多万。

那些年，我从在军校立二等功、大三退学到新东方教书，一边写作，一边创业，做了中国当时最大的辅导英语四六级、考研的 App。再后来我通过写作有了点儿影响力，于是一边专心写作，一边教课。因为受不了资本对教育的降维打击，在 30 岁那年，我辞职创业，做了自己的品牌。这些事情，如同一瞬间，如同一辈子，实际却是 6 年前。

那段日子，我几乎每天都在跟大学生打交道，有时候一天上 10 个小时的课，连续上 30 多天。就在那时，我决定动笔写一本有关大学生的书，这本书就是《大学不迷茫》。

一晃，这本书已经发行了不错的册数；一晃，我离开教培行业，有了属于自己的团队；一晃，我曾经所在的教培行业几乎消失了；一晃，第一批读《大学不迷茫》的同学，好多已经工作，好多已为人父母，而我，也三十好几了。

感谢中信出版社 24 小时工作室，感谢曹萌瑶主编给了我非常大的勇气，让我能够重写这本书。

若没有你们，也就没有这本书的问世。

于是，在三亚的海边，我重新打开了这个文件夹。里面的文字历历在目，风景还是那般风景，人还是那个人，只不过，时代已经不是那个时代。

那个时候，英语四六级和我们的学历挂钩，现在可以考，也可以不考；那个时候，我们之中大多数有梦想的人都希望去美国留学，现在越来越多的年轻人觉得考公务员才是真正"香"；那个时候，我们都希望能和校园里的恋人一毕业就结婚，现在越来越多的人选择单身，不愿开始一段感情……那个时候和现在，我们都是十八九岁、二十出头的年轻人，身体构造没有不同，但时代变了，我们想的，又有太多不一样。

所以，重写这本书，对我来说的确是一件难度极大的事情。

我采访了很多大学生，许多是"00后"。我突然意识到，虽然时代不一样，但我们遇到的困惑从未改变；虽然互联网给他们提供了大量的信息，但其知识结构依旧和我们当年相差不大；虽然知识随处可得，但在经验层面，他们和当年的我们一样迷茫。

所以，一个问题浮现在我眼前：到底什么才是大学生？

就从这个问题开始吧。

上大学时，我们总听到"80后"说："我们大学生，是天之骄子。"

可到了现在，几乎遍地是大学生。这些年，到底发生了什么？

我们回顾一下从1977年恢复高考以来高考人数和录取率的情况。

1977—1980年，刚恢复高考这几年，高考人数较少；1984年高考人数最少，那个时候，大多数人还没意识到知识改变命运；1985—2001年，高考人数从不到200万逐步增加到近500万；2002—2007年，高考人数以每年100万的人数增加；2008年达到最高峰；2009年有所下降，2010—2018年，高考人数变化不大，但基本是在增加，均为900多万人，2019年又增至1000万人以上。

录取人数是逐年增加的。从1977年的录取人数只有27

万，到 2018 年的 790 万，可以看出中国近些年培养了大量的大学生。

也就是说，从 1977 年 4.7% 的录取比例，到 2018 年录取比例高达 81.13%。我不知道你是否意识到数据背后的逻辑。这背后的逻辑是：

在国家推动全民学历提升的同时，"大学生"的身份开始变得越来越"不值钱"了。这句话可能不太好听，但是，这是真的。没有互联网的时候，上大学学到的知识能让一个人的知识体系快速变完整。因为那个时候知识匮乏、信息不对称，一个人和其他人的差距能在四年里变得巨大。可是，在信息高度对称、想要什么一搜就可以、"人人都是大学生"的今天，你会发现大学里大多数所谓的知识，不过是"常识"，读大学只能让你有常识。所谓常识，就是一般性的知识。那么，一个只具备一般性知识的人，只能成为一般人，不能变得出类拔萃、与众不同。

今天的大学，在很多时候，就是一种为你保底的"失业保险"，让你不至于饿死，让你成为一个体面的普通人。但让你成为一个优秀甚至鹤立鸡群的人，可能性不大。

可是，这能说明读大学没用吗？

不能。

我问过很多人，读大学究竟是读什么。

我问过一个本科生，他和专科生有什么区别，他说："我们比专科生多玩了一年。"

这听起来像个段子,但你走到街上去问大学生,得到的答案好像相差不大。专科生能保证自己在毕业后有一门手艺,本科生毕业后能干什么呢?

这是个很有趣的问题,我想很多大学生也对答案感到好奇。

记得我刚进大学,度过了一个学期,大家相聚在老家,同学们说得最多的一句话是:"大学和高三真不一样。"

是的,大学不是高四。如果说高中生活是老师手把手地教会你技能,大学生活最多是老师给你一个方向,剩下的路,你要用自己的双腿走完。上了大学,你只有自己一个人。这就是为什么那么多同学来到大学后第一反应是迷茫:那么多自由的时间,那么多宽松的要求,那么多想去就去的地方,那么多可以追求的男同学或女同学,到底该做些什么呢?

于是,大一没反应过来,大二就开始了。

多少人把生活过成了文学小说:大一《呐喊》,大二《彷徨》,大三《沉沦》,大四因为要找工作,所以《朝花夕拾》。

在一次演讲上,我听一个学生跟我吐槽:"我是觉得,上了大学,自己并没有学到任何东西。大学好像一个'收容站',收容了我们四年。这四年,就是为了让我们不闹事,把我们圈在这里。我浪费了四年的青春。到头来,我还是当初的我,什么也没学到。"

我站在台上，正想着应该回复什么，台下响起一片掌声。

所以，大学生与其他人究竟有什么不同？

我已经离开大学很多年，这些年，我在职场、文化界以及商界见过很多优秀的人。为了写这本书，我请他们列出自己认为大学四年里最重要的能力是什么。

我采访了20多个人，选取了100多个词，结果跟我想的差不多，排名第一的不是温柔、善良、果断、梦想……而是自学能力。

这20多个人，有些是企业高管，有些有着两家上市公司，但这些人中没有"状元"，只有两个人来自清华、北大（准确来说，都来自北大）。让我感到惊奇的是，这群人中，竟然有1/4来自非一本院校。

这也是本书要探讨的一个问题——为什么有些人读了二本院校，却过上了一流人生？

他们不约而同地告诉我，在大学，自学很重要。

后来我慢慢明白，在这个瞬息万变的时代里，自学能力强就意味着这个人可以随心跨越专业，肆意茁壮成长，进入新领域疯狂跃迁，即使跌落低谷，也能马上找到上升的法门。这样的人，就是这个时代不可多得的人才。

可惜的是，大多数人不知道怎么在新领域做到爆发式成长。

除了自学，第二个能力也引起了我的注意——独立思考。

独立思考的反义词，叫人云亦云。我想，你也知道为什么这个能力那么重要。独立思考意味着不随波逐流、不害怕权威、有自己的思考和见解，最重要的是，怀疑一切。

在这个世界，命好不如习惯好。遇到一件事，要么证实，要么证伪，要么存疑。在大学养成这样的习惯，面对未来的一切，都有自己的方法论。

一个经过独立思考却得出错误答案的人和随波逐流地得到正确答案的人相比，前者能走得更远。

总结一下，这就是优秀大学生必须具备的能力，也是你在大学四年一定要学会的软技能：自学能力 + 独立思考。

当然，还有更多需要探讨的，都在后文中。

再一次提笔写大学，已经是 30 多岁的年纪，我采访了很多大学生，看见他们的笑脸和提出的问题，我总会感叹，果然自己这一代人已经老去，但总有人年轻着。

没有人的青春是不迷茫的，但我们可以通过掌握方法论，少走弯路。面对这些弯路，如果你身在局里，反而看不清。但如果你在上帝视角俯瞰这四年，或许能有不一样的启发，看问题也会更长远。

先声明，这是一本很功利、干货很多的书，不期待以下两种人去读：

第一，想得到正确答案却不想思考的人；

第二，对功利毫无兴趣、活得很潇洒的人。

就从这里开始吧。

这是一个30多岁的大哥哥写给你的知心话，书里的道理，是很多人踩过坑后明白的；其中的故事，也都是真实的。

因为需要，书中人物都隐去了真名，只希望对你有用。

祝你阅读愉快。

第一章 学历的真相

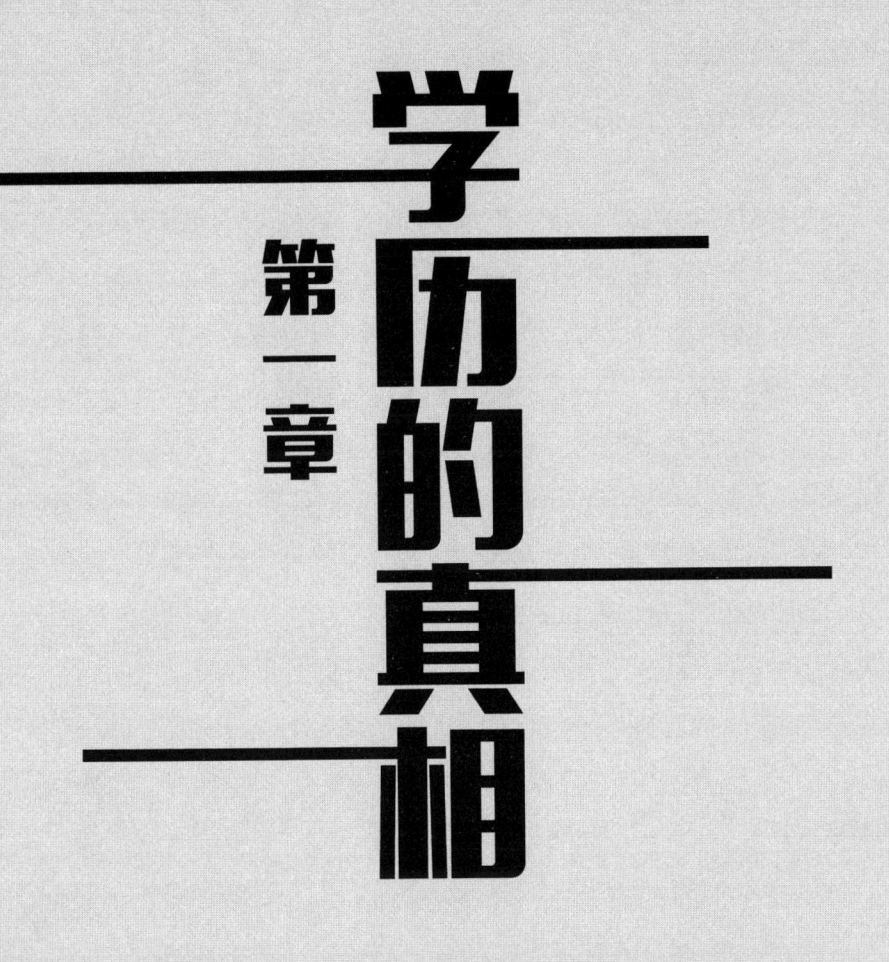

要不要提高自己的学历？

当你走进大学，不管你承不承认，你都期待四年（有些专业是五年）后拿到一张学历证书。

很多人不满意自己现在的学历，想要升本、考研，但在探讨这个问题前，你有没有考虑过，学历的作用是什么？

我问过很多同学，大多数人于以下几个问题中感到迷茫：我应该考虑专升本吗？我应该考研吗？更有甚者，问：我应该读完大学吗？

我想，任何一个直接为你作答的人都是不负责任的，这篇文章，将会从更高的视角帮你分析学历在人生中的作用，希望你在迷茫中有所收获。

学历是"敲门砖",要是敲不动门,就要学会自我升级

大多数的招聘网站上都写着几个字——本科学历。我曾经问过一位人力资源部的朋友:"如果一个人能力超强,却没有本科学历,你们要他吗?"

他反问我:"那他凭什么证明自己能力强呢?"

我说:"证明能力强的方式有很多,当你长期观察他后就会了解。"

他说的话,让我印象深刻:"在竞争这么激烈的职场中,你又有多少时间可以从头了解一个人呢?"

的确,如果你是老板,你是愿意雇用没有驾照却说自己开得很好的司机,还是有驾照且被他人证明开得很好的司机呢?

我想,这就是学历的用途——"敲门砖"。

有些人能力很强,有学习之外的超强本事,此时,学历就不那么重要了。

比如韩寒通过文字将自己传播得更远,他的文字技能,在当时就超过了学历的背书;罗永浩的演讲能力家喻户晓,所以他的影响力,直接打破了学历的限制。

但有件事情不能被忽略——他们都用了很长时间,在公共领域里有很多表达。

所以,对于普通人来说,学历很重要,因为它会节省很多沟通成本。你只说来自北大,就不用再多说去证明自己的优势和能力；你只说毕业自一本院校，就不用多说你18岁那年是多么努力。

你需要说好多话来证明自己的才华，但只需要拿出一张来自"211""985"的学历证书，就能省下很多讲故事的时间。

如果你没有像样的学历，请记住多花点时间讲好自己的故事，这也是一条很好的路。

你可以在大学四年参加各种比赛和竞赛，用证书去证明自己的能力；你可以去实习，用同行的推荐打破学历对自己的束缚。

总之，你要有超乎学历的东西去代替学历，将其写在简历里变成"敲门砖"。此时此刻，学历就不那么重要了。

可惜的是，大多数人并没有那么强的技能背景，也没有那么闪闪发光的能力，那么学历就是一块很重要的"敲门砖"。

当学历影响自己找工作时，你就应该考虑用一段时间去提升自己的学历，让自己在职场上更有竞争力。

我的一位专科学生连续三次面试被公司拒绝，第三次的时候，我建议他给人力专员发个信息问问为什么，他照做了，人力专员的回复内容只有一句话："我们只要本科生。"

此时，当你的学历敲不动门，你就要学会升级迭代，让自己有超乎学历的"敲门砖"。

我本科读的是军校，大三就退学了，之所以能很快找到工作，是因为当年我参加了一个英语演讲比赛，拿了北京赛区的冠军，最后还拿了全国季军。大学里，我不仅高分通过英语四六级考试，还参加了大量的辩论赛、全国级别的竞赛，拿了许多奖。感谢那些痛苦的时光，让自己的"砖头"镀了"金"。

我看过一篇文章——《技术强人"越狱"记》，讲述了一个编程技术超强的人，凭借自己的努力，实现了命运的逆转。只要你有一技之长，你的世界版图就会很大。

专业是人才在相同领域的聚集

在互联网时代，越来越多的人开始问这个问题：斯坦福大学的公开课、北京大学的经济学课程在网上都能找到音频和视频，那我为什么还要读大学呢？

读大学真的只是为了那几节课吗？只是为了那张学历证书吗？

不是的。读大学，最重要的是遇见相同领域的人才，这些人在你的大学四年里，可比那几门课重要多了。

你会发现这个时代从来都是这样，英雄都是扎堆的，成群成群地出现。

所以，想要变得优秀，你就要学会和优秀的人交朋友，就要从在大学里选择合适的群体开始。

你可能没有考上一流的大学，但你要和一流的人交朋友。在后文，我们会讲到，假设你是普通院校的学生，该如何和一流的人交朋友。

从这个角度来看，学历是有用的。因为好的学历，确实保证了你在一个好的圈子里。

我跟一个学生聊过天，他本科学的是法律，想转专业学音乐，问我要不要考研，我说要，他说："做音乐也要考研究生吗？"我说："原则上，音乐领域不需要学历，而是需要经历，但是你需要跨到一个新圈子里，一个做音乐的圈子。"后来，他还是没考上研究生，但是在考研的路上，他认识了好多做音乐的朋友，现在在帮着某位知名歌手做音乐。一年前，他还请我去看他的小型演唱会。

假如你并不喜欢自己的专业，又想成为另一个领域的人才，那么在你没有任何社会资源的时候，提高学历或改变专业，是非常聪明的做法。

因为当你考上研究生，或者升为了本科学历，不仅代表你成功跨了界，而且身边的朋友圈将会发生改变。这些朋友，在你转变人生轨道时，将变得十分重要。

同样，当你觉得自己在本专业还需深造，比如你学的是学术性非常强的专业，提高学历的意义也就变得重要许多。

为拖延找工作而提高学历是不明智的

许多时候，我们在同一时间里，只能全力干好一件事情，因为每个人的时间成本和精力成本有限。比如你考研时，就不可能全心全意做一份工作。

所以，当你选择读研，也就基本意味着放弃了全职的工作。比如我的一个朋友决定考研，三年后，他重新回到职场，发现招自己进来的主管正是大学的同学。在社会上有一句很负能量的话：其实，研究生不过是比大学生多混了三年。后来那个朋友跟我说："早知道早晚要找工作，还不如早点找，也就不用在老同学手下干了。他当年还不如我呢。"

为拖延找工作而提高学历是不明智的，因为这件事早晚要来，与其让它晚点来，不如早点面对。

而且，我们都应该明白：工作中的逻辑和学校中的逻辑完全不同，两者的学习方式和途径也完全不一样。

你会发现学校的佼佼者，有时候在工作中表现一般；你也会发现一个工作能力很强的人，原来在学校不过是中等学习成绩。

但相同的是，在哪儿都是学习，在哪儿也都是终身学习。

如果你只是为了拖延进入职场而提高学历，对不起，最终吃亏的还是你自己。

能力不够，学历来补

考研和升本的另一个好处，就是弥补了自己的学历短板。

比如，当你考上了北大的研究生，别人问你学历时，你就很容易略过自己的第一学历了。另外，提高学历也是和能力互补的一种重要方式，当无法评估能力或者自己的能力实在不强的时候，好的学历无疑能作为补充。

我见过一个人，毕业10多年了，还在说自己是北大毕业的。这虽然是一种挺令人讨厌的表达（说明这10多年里他没啥进步，一直在标榜18岁的那场考试），但是确实很唬人。哪怕这10多年，他没什么建树，甚至工作能力很一般。

中国的教育制度的确存在一些问题，但有两种情况是十分公平的，就是任何人都可以在接受九年义务教育后参加高考、大学毕业后都可以参加研究生考试。这是阶层跃迁的通道，而且每年都有机会参加。每年都有机会，也就意味着，每年都有改变生活的无限可能。

正是这样的路，给了无数学子一些希望，但我也想告诉各位：正视这次考试，正视我们的学历，别认为这就是生命的全部。

那些两条路同时走的人

最后，我想跟大家分享一个真实的案例。我的朋友威哥，读的是警校，大四那年，他一边考研，一边找工作，一年后，他找到了自己理想的工作，同时考上了研究生。我的另一个朋友小曲，同样是一边找工作，一边考研，但最后，研究生考试落榜，工作也找得一塌糊涂。他们两个的区别在哪儿？

区别在于，他们对这件事情的认真程度、内心渴望和从内到外的能量。

威哥在决定两条路同时走后，放弃了所有的社交活动，白天投简历参加实习，晚上准备考试，下午有空还去跑5公里；而小曲呢，用她自己的话说，她还在KTV背过单词呢！

小曲说自己很努力，我问她："在那里背单词，你背得进去吗？"

她不舍得放弃的东西太多，看似在同时走两条路，实则每天的社交活动、和男朋友依依不舍、购物、追剧都没落下，那些看起来很努力的时光，只是感动了自己。

所以，当你开始发问——我是应该打磨学历呢，还是找工作呢？我想说，我们真的可以同时走两条路，然后骄傲地登顶，只是看你舍不舍得花那么多工夫，舍不舍得放弃一些东西罢了。

当一个人问两条路应该走哪条的时候，聪明的人已经踏上了征途，他们一边走，一边做选择。后来发现，其实都是爬山，山顶上往往包含两条路的终点。

上了大学，
应该自主学习哪些技能？

大学和高中最大的区别就是，高中时老师是手把手地教你走每一步路，大学里老师会给你指一个方向，剩下的路，你要自己走完。

进入社会后，你会发现没有任何人给自己指明方向，世界很大，你要自给自足。因为每个人都要学会独自长大。

你要知道：这个世界上的所有高手，都有着超强的自学本领。很多重要的技能，也得靠自学去掌握。至于怎么靠自己，我会在后文说到利用互联网检索信息的重要性。

演讲和写作的能力

之前有人问过我：在大学里，哪些能力是老师不教，但你觉得最重要的？

我的答案从来没有变过——演讲和写作。

因为它们是能让你在短时间里最快提升影响力的两种方式，而且都是以一对多为基础，从自己出发，影响更多人。

演讲能让人变得思路清晰，写作能让人变得有智慧。

演讲不仅仅是口才的展现，更是思路的表达；写作不仅仅是表述，更是思维的传递。

关于演讲，后文中有详述。

无论你以后做什么工作，想要做好，都会涉及演讲和写作。好的演讲让人舒服，好的文章也让人心旷神怡。那么，该怎么练习呢？我长话短说。

演讲和写作都是输出的过程，在此之前，你应该大量地阅读、广泛地涉猎。大学四年最美好的，就是你有大把的时间去图书馆读书。不要问该读什么书，因为答案是什么都该读，一个人的知识结构应该是立体的。这些阅读时间，能让你变成更好的自己。只有读得够多、看得够多，才能跟别人有东西可讲，得到别人的认可。

每个演讲者都曾有过上台前极度紧张的时刻，每个写作者都曾有过写着写着就跑偏的日子。能清楚地表达自己的想法，并且在几千字内都没有跑题，本身就是一件很难做到的事情。你可以试着每天写点东西，或者时常一个人对着墙讲一段话。因为熟能生巧。更重要的是，抓住每一个上台演讲的机会。毕竟，这种机会很难得。你可能会觉得，这不是有病吗？谁会这么做？我就是这么做的。

看过我演讲的小伙伴都知道，在大学的时候，我每天会对着墙讲 40~60 分钟的英语，坚持了 8 个月，雷打不动。之后我才有了当英语老师的机会。

说英语的能力

我们的英语教育一直是应试模式，我是当了老师后才知道，很多地方的高考英语竟然是不考听力的，学生学着学着，就学成了哑巴英语。

听不懂，说不出，只能比画。

上了大学后，终于有了英语四六级考试考听力，可这么多年，英语四六级考试竟然把口试当成参考测试，太多学生学了这么多年英语，看见外国人依旧无法顺畅地开口，那这英语学了有什么用？

好在这种情况现在已经得到了改善，这次英语四六级改革终于开始考口语了。

我们这一代人，大多有着一个看世界的梦，站在国际视角上，活在网络平台中，这样的一代人，一定是盯着世界的。

可惜的是，英语口语不好，怎么看世界？大多数学校的英语课也就上到大二，课上能让你张口讲英语的机会屈指可数。所以，学好英语口语的任务就交给你自己了。怎么去自学口语呢？

- 早读

不要小看早读,那些每天都早读的人,英语口语的稳定提升都是次要的,主要是每天的精神都有很大的改善。长期早读的人,英语口语一定不会差。而且因为长期早读,每一天也都变长了许多。

- 跟读

你可以选择下载一部美剧或电影,带有中英文字幕的那种,然后一句句地跟读。一部美剧、电影,看第一遍都是看剧情去了,你可能哭得要死,笑得一塌糊涂,早就忘了还有练习口语这么一回事。只有看第二遍,而且不停地按暂停键跟读,才是提升口语的最好方式。最重要的是,一定要坚持。

- 多参加考试

考完英语四六级,你还可以去报考托业、托福、BEC(剑桥商务英语)、雅思等。考试不是目的,当你决定考试时,是有短期目标的,人只有拥有短期目标,才不会放弃前进的道路。考试是结果,提升英语能力才是目的。英语口语也是一样。

练习一项体育技能

上高中时,我们最喜欢的就是体育课;上大学后,逃得最多的也是体育课。

这是真的,我见过无数学生在上体育课的时候找各种理由逃课。

后来，我开始工作，明白了一个道理：所有人拼到最后，拼的都是体力。

所谓天赋、家庭背景、学校在市场经济下都不能迅速地区分两个人，无论一个人天赋多差、家庭背景多不好、受教育程度多一般，只要有好的身体，磨都可以把对手磨死。

那你肯定会问了，既然身体这么重要，我毕业后再锻炼难道不行吗？

毕业后，往往工作已经耗费了自己最有精力、最有效率的时光，晚上回到家，不是想睡觉，就是想看看电视，然后赶紧睡了，哪里还有运动的闲心？

好的身体，往往都是在大学四年养成的。有自己喜欢的固定体育运动，并且每周都有几天飞驰在操场上、健身房里，大汗淋漓的感觉，永远比躺在床上更能让青春无悔。

领导能力、交流能力

有一本书叫作《领导力21法则》，作者是约翰·C.马克斯维尔，里面讲了成为一个优秀领导者的21条法则，写得不错。但我看完后发现，其实大可不必每条都照做，因为理论知识再怎么明白，也不如当一回领导学得直接。

我还是建议大家参加学生会和社团的，但是一定要挑选，不是为了名利，而是为了获得这么一个平台——能锻炼自己的交流能力、领导能力。成为好领导需要具备的条件很多，比如担当、责任、大度、胆识……这些都要在实践中获得。

大学毕业后，你会发现同班、同宿舍同学的关系往往没有一个共同努力过的社团成员之间的关系好。

为什么呢？

其实这背后的逻辑也是这个世界发展的逻辑：想真正交到一个好朋友，就和他做一件事情吧。你们之间的合作、共谋和挫折，都会很快升华成友谊，变成彼此的联结与回忆。

而走进社会后，你会发现交流能力、社交能力、领导能力、合作能力，都能让你在一个公司里闪着光芒。

这背后都需要高情商的换位思考能力，这都是书本上没有的。你需要跟人交流，需要在大学四年进入社团和学生会，与不同的人打交道。

关于怎么参加社团、学生会，后文会有详细的论述。

这里推荐一本经久不衰的管理学著作——彼得·德鲁克的《卓有成效的管理者》。

抗挫折的能力

中国传统的教育理念只告诉了学生如何争得第一，却没有告诉他们遇到挫折之后该怎么办；只告诉了学生夺冠重要，却没有告诉他们跌倒后该如何处理伤口、该如何站起来。

而走入社会后,天之骄子们总会慢慢地变迷茫:我在学校品学兼优,为什么进入社会却频频受挫?原因很简单,生活嘛,不如意之事十之八九。

你长期待在象牙塔,习惯了平顺的生活,不知道如何面对挫折罢了。

所以,你要学会建立一个好心态:当遇到麻烦、失败和挫折时,自己要做一些什么、思考一些什么,以及怎么解脱、怎么迎接下一次战斗。

我一般会仔细分析失败案例,然后想下次遇到要怎么办,列出一、二、三。心情不好的时候,我会写字、读书。难受得不行时,跑步、听音乐也是一个好选择。

抗挫折的能力,也叫"逆商"。

保罗·史托兹博士是逆商理论的提出者和奠基人,他用了20多年研究该理论。1999年,他出版了《逆商》,一下子火遍世界,感兴趣的同学可以找来看看。书里有一个工具,我将其简称为"LEAD工具箱",分享给你。

Listen,倾听自己的逆境反应;

Explore,探究自己对结果的担当;

Analyze,分析证据;

Do,做点事情。

当自己处在逆境中,比如失恋、跟朋友绝交、被老师责骂、考试没通过……我们一定会有一些被自己忽略的反应，安静下来，仔细倾听。

这些反应，有时容易伤害到自己。

我们可以跟自己玩一个小游戏——一旦发现逆境来临，我们的大脑马上敲响警钟。比如，我们可以用一个很好玩的声音来表达逆境来临，比如大声地叫"bingo"（好）或者发出搞笑的声音。这样做有两个好处：第一个好处是，好玩的声音和让人大笑的警告，本身就可以改变我们的心理状态，让我们更加积极地应对逆境；第二个好处是，大脑敲响了警钟，就会帮助我们打断潜意识里自动的消极反应。

接着进入第二步，探究我们对逆境结果的担当。

如果这个逆境中的最坏结果发生了，问自己能不能承担，如果不能承担，那么问自己可以承担什么程度的损失和逆境。面对这种情形，我们不要过分自责，否则容易陷入习得性无助。其实，无论过分地自责还是推卸责任，都不能增加我们的掌控感。最重要的事情在于，我们要对确认的部分负责，控制影响。

接着分析一下，这个逆境在生活中是一个什么样的存在、会持续多久、是我可以掌握的吗、我可以掌握多少、会怎么样影响我的生活？分析得越细致，越能帮助自己走出逆境。

最后一定记住，要做点什么。

打败焦虑、无助、绝望的最好方式，就是立刻行动，去做点什么。

选错专业，
该如何逆袭？

在大学做签售的时候，我被问得最多的问题之一，就是如果自己不喜欢所学的专业，想去学另一个专业，应该怎么办？

在工作中，你也会遇到这样的问题：不喜欢目前的岗位，应该怎么转行？我的观点是在大学所选的专业不重要，就算不对口，也没关系。我斗胆说一句："对口这事儿，也没必要。"

我经常和一些高三学生的家长聊天，家长总是问我孩子应该选择哪个专业，我说："这都不重要，重要的是城市，次要的是学校，最后才是专业。"因为城市决定的是这个孩子的眼界。如果是在北京这样的大城市，孩子周末就可以去天安门、故宫、南锣鼓巷、军事博物馆，平时就有机会走进清华、北大、人大的校门。而学校决定的是圈子。专业不喜欢，大不了可以换。

虽然换专业难，但是就算不换，你也能通过选修、自学找到自己喜欢的领域。

所以,专业真的不重要。

选错专业背后的逻辑

我曾经在一个两百人的班上做过统计,结果是认为自己选错专业,或者被莫名调剂过专业的同学占了一大半。换句话说,这是一个普遍问题。

高三时,我们满脑子充斥着高考和学业压力。选专业时,我们压根儿不知道这个学校的这个专业如何、老师如何、就业前景如何、今后自己会成为什么样的人。

有些人选了一些听起来很厉害的专业,结果完全不知道意味着什么就被确定了四年。比如我的一个同学选了国际经济与贸易专业,他说国际贸易听起来牛,可是进校第一天,老师说:"我们为了培养出一流的会计和……"

他顿时蒙了……

信息不对等,造成了大学生选择专业时的迷茫和错误。也有的国家的教育不是这样的,比如美国,在大学基本是通识教育,到了研究生阶段才分专业。就算在大学一定要分专业,师兄、师姐会被提前请去高三校园,和那些学子交流。

虽然学校也给了许多学生转专业的机会,但成本极高,不仅学分要求高,手续也繁杂,因此换专业的效率不高。

讲完这一套逻辑，想必大家已经明白了：选错专业是件很正常的事情，不仅你经历过，很多人都经历过，这不是我们的问题，而是这个时代的问题，是教育体制的问题。

所以，接下来该怎么办？

你的手上拿着一杯水，接下来你要干什么？

有一个著名的心理学实验：如果你的手上拿了一杯水，接下来你要干什么？

我觉得这个假设特别有意思，于是问了很多人，他们的回答无非就是喝了、倒了、泼了、洒了。

然后我想到身边一个哥们儿的故事。

第一次遇见 C，是在网上。那时我还在新东方当老师，想要拍一部微电影，于是在网上发了一个帖子：如果你想拍电影，无论你是否专业，只要你有演员梦，都希望你能加入我的团队。

C 是一名酒店管理专业的学生，那里的学生，大学四年的状态几乎都是在玩游戏或者昏昏欲睡，他也是一样，无聊地刷着网页，然后思考着毕业后要去哪家酒店干活。

C 投了一份简历给我，我们很快就坐在了一起聊剧本。起初他只是想跟女一号搭戏，但因为他长得好看，我们几个讨论过后，坚定地认为男一号就是他。他加入我们剧组的第一天就开始勤勤恳恳地跟着剧组跑戏。有一次拍到了半夜两点多，寒风瑟瑟下，我和两个摄像师带着他拍天桥的戏，他冻得不停地发抖。

我说："不行了吧？不行了，以后就别走这条路了。"

他说："冻得真爽。"

半年后，我们成功开启了第二个项目——拍摄第二部微电影。

C从主演变成了幕后监制，他筹划着前前后后的事情：地点、时间、物资分配，偶尔还会提出一些对分镜头的建议。

第二年，C从学校毕业，所有人都在讨论去哪家大酒店当服务员、去哪家小酒店当经理、去哪个国家申请相同专业研究生项目的时候，C毅然走进影视圈，走进了博纳公司，当上了制片人。因为之前大学四年有过一些拍电影的底子，所以他很快就被电影界认可，后来参与制作了《湄公河行动》《红海行动》《长津湖》等著名的影片。

所以，如果你有一杯水，接下来你要干什么？答案很简单，那就是你要做自己想做的事情，和水无关。这杯水，可以是我们的工作、是我们的专业、是我们的学校，总之是我们现有的东西。可是，多少人都只是盯着这杯水，忘记了自己真正的生活目的，忘记了自己到底想要什么。

的确，当你有一杯水的时候，你完全可以放下，可以不管它，去做自己该做的事情，去放肆、去流浪、去走南闯北，而不是因为一杯水而停下步伐，拉低你可以达到的高度。

我们总是被拥有的东西限制自己原本无限的可能。

我还遇到过很多同学，对自己没有选到热门专业感到特别郁闷。可是，我们看看过去的数据，有多少人选择了热门专业，到头来找工作变得极其冷门。

与其纠结自己为什么没选上热门专业，不如通过努力，把自己变成一个热门的人。

一个恶性循环

很多人在心理上有一个 bug（程序错误）：一旦拥有了什么，就把所有精力聚焦于自己所拥有的，以它为中心去计划，却从来不问自己是否喜欢它。

当精力聚焦在自己拥有的东西上时，我们也就很容易忽视其他的可能性，然后变得越来越珍惜自己拥有的。随着时间的流逝，拥有的东西越少，就越珍视那点东西，从而形成恶性循环。

我之前当英语老师时的很多同事就是这样，他们一开始只教两门课，每天就这么工作着，除了教英语，就是回家，其他的基本不太在乎。

后来，他们怕累，干脆把两门课缩减为一门课，直到后来这门考试被取消了，他们能教的课没有了。忽然间，他们什么都没了。

我经常会想，到底是生活还是对生活的选择，把他们逼上了绝路呢？

所以，读大学的时候，你一定要扩大自己的圈子，寻找自己喜爱的东西，从而确定自己的职业兴趣。

职业兴趣不是天生的，是需要被发现的。我经常说，往往在选修课里，你才能找到自己的职业兴趣。这里的选修课是泛指，包括双学位、跨院校学习、实习、参加比赛等跨圈行为。当你发现了自己的职业兴趣，请记住第二句话：职业兴趣是需要培养的。

很多时候，你不喜欢这个职业可能是因为你对它不够了解，或者没有花时间去了解。就好比当年我一直不爱英语，仅仅是因为我没感受到它背后的世界，只停留在表面，自然就无法理解其美妙。

成功是走出来的，不是规划出来的。

大学四年，要拼命给自己做加法，不要陷入前文说的恶性循环。

双管齐下：课后的生活，决定了你的转型

那我们是不是一定要放弃自己的本专业，义无反顾地去追求自己想要的呢？

也不是，世界上一定有一条路是能兼顾两头的。我曾经见过一个经济系的学生音乐学得很好,后来一打听,他课后的时间几乎都给了音乐。

我问:"那你所学的专业怎么办?"他说:"不挂科就好了啊。"

是啊,这就是底线。不挂科就好了。

只要以不挂科为底线,以拿到学位证为保底,其他的时间与其浪费了,不如用来打磨另一技能,而这一技能,将会伴随你走得更远。

我曾经写过《下班后的生活,决定了你一生》,我当老师时,大家下班都去喝酒、看电视,但我不一样,我每天晚上回家看书、写作,靠着几年的坚持,我转型成作家。他们不知道的是,我还用平时休息的时间报了个导演班。

这都是转行的准备。其实所谓转行,就是你有没有在新领域花过正确的时间,花过足够的时间。聪明的人一定是双管齐下的,绝对不是走一条路,然后堵死另一条路。我也见过不少高手,他们不仅没有丢掉自己的本专业,还做好了另一件事情。其实,他们无非牺牲了一点休息时间,用好了"鸡肋时间"而已。

这样双管齐下的生活,你会不会感觉很累,累得"醉生梦死"啊?

不会,你看看大学校园里,有多少大学生在大学四年选择修双学位,有多少学生去别的学校蹭课?

其实，大家都有时间，那些总是抱怨很忙的人，忙到没有时间去打磨一技之长的人，无非是不舍得牺牲娱乐的时间。

你少打点儿游戏，少追点儿没意义的电视剧，时间就有了。

未来的职业链条

我经常鼓励大家磨炼出一技之长，因为在未来的世界里，有一技之长的人，在哪儿都会活得非常好。那学什么样的专业更容易磨炼出一技之长呢？答案是你喜欢的。

于是，我发现了一个非常重要的职业链条：

兴趣—能力—专长——一专多能。

先找到兴趣，然后将其发展成能力，再变成专长，最后形成你的职业优势——一专多能。

未来的世界可能比你想的更加残酷，万一你的"一专"被人工智能代替，你都不知道自己是怎么被淘汰的。比如播音主持专业、人力资源专业、会计专业……

这个时候，你需要的是发展出更多兴趣，从而拥有更多专长。

未来，我们的职业链条可能如下：

兴趣—能力—专长——一专多能→一专多能＋兴趣——一专多能＋能力——一专多能＋专长—多专多能。

不停地发现兴趣，不停地学习，不停地发展专长。

这就是终身学习的由来。

就拿我自己来说,本科学的专业叫信息工程专业,我都快忘了。当年学的模电(模拟电子技术)、数电(数字电子技术)知识,我已经"还"给老师了;学习的 C 语言知识,除了留下一张计算机三级证书,啥也不剩。但庆幸的是,我在大学把英语学好了,有了机会当英语老师。在当英语老师的几年里,我每天都在写日记、写故事,后来我成了作家、编剧,又进入了文学圈和影视圈。在这个过程里,我还在学习怎么创业,以及怎么管理、运营团队。直到今天,我有了自己的公司;直到今天,我还在继续写着、继续琢磨着怎么管理公司,以及如何给年轻人创造终身学习的机会和平台。原因很简单,我就是因为笃信终身学习,才走到了今天。虽然我也不厉害,但我总会时刻提醒自己,你永远不可能赚到认知外的钱,所以你要不停地学习。

希望你也是。

厚积薄发,考证书、考研、去实习、找工作

很多人很害怕跨入一个新的行业,害怕进入一个陌生的领域。

其实跨入一个新行业无非三步:第一步,有相关知识,有足够的本事,开始有能力变现;第二步,认识圈内人,在圈子里和牛人产生联结;第三步,得到圈外和众人的熟知,在圈子

外发光。

从这个角度来看,进入一个新行业不难,难的是第一步——从零开始学习。

大学四年里,你是否可以做到这四个字——厚积薄发?

我建议你去考证书。因为在考取相关证书时,你就跨过了这个行业的最低门槛;在准备考试的路上,你的相关能力也得到了提升;如果在考场考试和领取证书的途中,认识了几个朋友,这些人又和你属于同一个圈子,那你的人脉也得到了拓展。

我也建议你通过考研来切换轨道。因为跨专业考研其实是最方便的一种跨界方式,也是最容易的一种方式,能够让你拥有这个领域最牛的人脉。

如果你很早就知道自己要考研,比如大二就知道,应该尽早去布局,当然是越早越好。

我还建议你去参加校外的相关实习。你可以不要钱,但你一定要 all in(全心投入)。只有全心投入,才有机会获得成长,更有机会学到另一领域的东西。

我还建议,当你觉得自己能力很强的时候,去找工作或者去做付费课程,因为那是评价你这项能力是否强大的最好方式。

总之,你要相信,你现在的专业不一定是你以后的工作,只要你有明确的方向。

我想起一句励志的话:"如果命运夺走了你的生活,记得,用双手创造一个属于自己的未来。"

大学期间该不该多考一些证书?

考证书还是打游戏?

我在上大学时,问了师兄一个问题:"上大学了,是不是应该多考一些证书?"

师兄笑了笑,说:"上大学了,最重要的是玩玩游戏、交交朋友、睡睡懒觉,怎么开心怎么来。你想,你在高中已经学了三年,现在好不容易没人管了,还不应该用尽全力地享受自己的青春?没事儿考什么证书啊?作死是不是?"

师兄说完,打开了电脑,敲起了键盘,玩起了游戏。

那时的场景,我至今历历在目。直到今天,我终于可以说:"很庆幸自己没听那个师兄的建议。"

因为我清楚地记得,在找工作那天,我发现:一份较高年薪的工作背后,是几十人甚至上百人的竞争。有些人的年龄比我大很多，甚至有更多的社会经验和资源；有些人比我的家庭背景好，还比我好看。当所有人站在同一起跑线上时，招聘人员连我的简历都没看，只问了我一句话："你大学四年获过什么奖，来证明你和他们不一样？"

残忍的世界。

当人力问你拿过什么奖，你该怎么回答？

可世界就是这么残忍。当一份工作十分抢手，又被绕过关系网放在市场上时，面试人员真的只有一分钟甚至更短的时间去了解你。此时此刻，你大学四年获得的那些证书和奖状、简历上的亮点和干货，比你空空地写下"尊敬老师、热爱学习"重要得多。

因为，那些东西代表着过去四年你是怎么过的。

我很庆幸，我从大一就尝试着参加各种各样的比赛和考试，虽然有一些没有获得名次，但凭借自己的充分准备和努力，我还是拿到了很多证书。当面试官问我大学获得过什么奖时，我很自信地说："在那年英语演讲比赛上，我获得了北京赛区冠军、全国季军，还获得了……"

我以为自己很牛了，可是那天，我听到了另一个人的回答。

当被问到"你大学四年获得过什么奖"时，他笑嘻嘻地说："你要什么奖？我都有。"

那人直到今天仍让我深深敬佩，当他从包里拿出那么多证书时，我着实有一刻以为他是办证的。

其实不是，他在大学四年参加了很多比赛，考取了许多证书，他的简历上写满了大学四年的努力和那些大大小小的成就。虽然有些只是校级的，但那些奋斗都被写在了简历中，撒不了谎。

这些更有说服力。

当你没时间证明自己时，该怎么办？

为什么要在大学四年里多考一些证书呢？因为那是证明你大学四年没有浪费时间、证明你和别人不一样的最简单的方式。

尤其是非名校的学生，起点本身就低，要在一群人中跳出来，你需要更多证书的背书。

你可以说我就是和别人不一样，我为什么要证明？为什么还要靠证书证明呢？你多接触我，自然就能知道我的与众不同了！

可在这个快节奏的社会，你真的很难期待招聘人员用半年或者一年的时间去发现你的闪光点，再花半年或者一年去培养你。你必须用最快的方式证明自己的优秀。你要知道我们国家最不缺的就是人，而是时间和精力。

这样看来，你简历上写下的那些证书，就能让你的证明之路变短很多。

曾经有很多人问过我学历是否重要，我的回答都很简单——重要。

然后他们继续问："那为什么很多人没学历还能活得非常滋润？"

我说："他们活得非常滋润不是因为他们没学历，而是因为他们的学历被其他光芒覆盖了。"比如你见到韩寒，只会知道他是作家、导演；你见到比尔·盖茨，只会知道他是企业家，而不会问他们是哪个学校毕业的。

更何况，这样的人并没有很多，要不然怎么例子举来举去就那么几个？他们只不过被媒体放大了。

当自己的某一专长和技能被社会认可了，学历就变得不重要了，因为你已经有了更好的方式去证明自己的优秀与价值。

说详细一点，到底怎么样才能被社会认可？除了教育部认可的那张学位证，一张张证书和奖状，就是认可，就是答案。

社会比你想的更血淋淋

有人看到这些肯定要反驳了：你也太重视证书了，难道我上大学就是为了那些证书吗？如果我是英语专业的，考个导游证有用吗？

我想告诉你，如果你在大学没有目标，感到迷茫，还不如把时间放在这些比赛和证书上，反正迷茫也是浪费时间。因为每一次考试结束，都让你有机会反思自己这段时间的学习状态，是应该继续还是改变。

这样的目标，总比你打游戏、追电视剧要好得多。

如果我是英语专业的，考个导游证有用吗？你别说，还真有用。一个英语培训公司的人力专员给我讲过一个故事：那天招聘时，来了两个刚毕业的英语专业学生。特别巧，两人都是女生，而且是一个学校的。

可惜的是，公司只有一个岗位要人。

人力专员看了她们的简历，发现两个人在英语上的成就一样。然而，其中一个姑娘的简历上写了三个字——导游证。于是，人力专员选择了这个姑娘。

我当时很诧异，说："你这是根据什么标准呢？"

他说："第一年，大多数的老师没有太多课，都在做一些基础的事情，而我招聘她的时候是年底，公司正在准备出游的事情，她的导游证能为公司省下一笔费用呢。"

听到这里，我一边嫌弃着这个抠门儿的公司，一边感叹着这个现实的世界。

可是，既然我们无法改变这现实的世界，就只有让自己变得更强，才能在这现实的世界里活得更好。

就像有一年英语四六级考试增加了口语考试，我在每个班上建议大家报名口语考试，很多同学说："算了，我就为了过个四级，考啥口语？"

我说："你永远不知道哪个证书以后能帮你找到一份好工作，能帮你做出人生的一次重要改变。既然无法确定未来，就时刻准备着；既然不知道哪张证书有用，就多考几个，能接触到的考试都报个名，然后用心准备一下。何况考取证书的意义，远不止如此。"

证书只是一张纸吗？

当爬到某个高度时，回首往事，其实很少有人记得这些比赛证书和自己获得过的名次，因为大多数奖状会随着人生高度的增加而褪色或被遗忘。

可是，在准备这些比赛的过程中获得的能力，却能够伴随着你成长，融入你的骨髓，变成你的一部分。

我本科所学的专业不是英语，但我在大二那年决定参加英语演讲比赛时，付出的努力让我完全蜕变，终身受益。

每天对着墙练习差不多一小时的口语，站在空教室假装有人在听我演讲，从初赛到半决赛、决赛所得到的锻炼，比那张证书对我的成长帮助更大。

后来的生活里，我明白了要想在一个新的领域有所成就，就应该不顾一切去拼命，明白了要耐住寂寞，才能守住繁华的道理，更理解了想要什么就拼尽全力。

其实上大学时最重要的，就是设定一些看得见的目标，然后一点点地去实现。每个阶段的努力，都应该有张证书鼓励一下，有张奖状证明一下，多一些自信，会让自己更好地成长。就比如我见过太多人给我留言："老师，怎么学好英语？"

这种问题很难回答，因为我实在不清楚，到底什么是学好。没法儿定义啊。

但现在我想，它是否可以被定义为：这个学期考一张英语四级证书，下个学期考一张英语六级证书，然后参加托业考试，再参加BEC考试，接着考雅思、托福、GRE（留学研究生入学考试）……

这么一步步，目标明确地奋斗，想学不好都难。

愿我们青春无悔。

值得一试的证书

除了驾照、计算机等级、英语四六级这些众所周知的证书,以下证书,不妨试一试。

① 法律职业资格证

报名条件:详见官方发布信息。
考试科目:时有更新,详见官方发布信息。
推荐理由:这是高薪行业入职门槛、司法从业者必备证书,初任法官、初任检察官和取得律师资格必须获得此证书。也就是说,如果你想从事律师、法官、检察官工作,可以试试司法考试。多说一句,非法律专业的同学,也可以报考。

② 注册会计师证

报名条件:详见官方发布信息。
考试内容:时有更新,详见官方发布信息。
推荐理由:注册会计师虽然现在供大于求,但优秀、高端的注册会计师仍然被认为是财会领域第一黄金职业,注册会计师目前在我国的缺口仍然很大。

③ 特许金融分析师证

报名条件:详见官方发布信息。

考试内容：时有更新，详见官方发布信息。

推荐理由：长久以来，特许金融分析师一直被视为金融投资界的 MBA（工商管理硕士），在全球金融市场极为抢手。它是国际通行、最具权威的金融分析领域的行业标准。凭借这张证书，你可以去证券、外企、上市公司从事金融分析、投资和管理的工作。

④ 精算师考试合格证

报名条件：详见官方发布信息。

考试内容：时有更新，详见官方发布信息。

推荐理由：精算师最主要的职责是计算承担保险责任的保费和准备金。精算师被喻为"金领中的金领"，工资待遇不错。

⑤ 教师资格证

报名条件：详见官方发布信息。

考试内容：时有更新，详见官方发布信息。

推荐理由：教师资格证是教育行业从业者的必备证书。

⑥ 人力资源管理师证

报名条件：详见官方发布信息。

考试内容：时有更新，详见官方发布信息。

推荐理由：人力资源一直是各个公司比较稳定的岗位之一。

去参加社团和学生会，
但不要着迷于"权力"

每一位刚进大学的学生都会有与学校社团有关的困惑：要不要进入社团？要不要进入学生会？什么时候退出？加入几个社团算合理？社团能给我带来什么？我能从中学到什么？社团在大学四年扮演什么样的角色？

学习是一辈子的事情。原来没解决的事情，今天咱们重新来。

你要进社团，因为那里可能有你的挚友

我对进社团和学生会的看法，总体来说是肯定的。

走进社团就是走出象牙塔，你可以看看象牙塔之外的世界是如何运作的。社团是朝气与活力的源泉，你可以在戏剧社体验到故事的魅力，可以在音乐社领会到音乐的美好，可以在舞蹈社感受到肢体晃动的快乐……重要的是，你可以在那里交到志同道合的朋友。

我曾在一个创业论坛上看到这么一句话：现在这个时代，成为好朋友的最简单方式就是和他共同做一件事。

很多电影都讲过这个道理，无论过去多么相互憎恨的两个人，只要有了共同目标，矛盾就会慢慢化解，变成好哥们儿。

后来我一想，还真是这个道理。我身边的几个好朋友，都是和我从一无所有打拼到今天的挚友，大家一起创业、一起做事，才有了现在的彼此。成功和失败并不重要，重要的是一路相随。

参加社团和学生会的话，你最有可能在那里遇见你在大学最好的朋友。

因为你们有着共同的目标。

同宿舍的人，只是被分在一个屋檐下，没有共同目标的话，往往很难成为好朋友。如果你一定要让室友变成朋友，就拉着他们一起参加社团吧。

社团里的朋友虽然来自五湖四海，但有着共同的爱好和目标，很容易共同去做点什么，这样能很快拉近彼此的距离。

这样有奔向共同目标的努力，能让感情十分稳定地得到升华。另外，我想说，很多情侣的关系，也是因此发展得更稳定。

当你走上工作岗位就会慢慢发现，结交好朋友的方式只有两种：一起浪费过时间，一起为了共同目标奋斗过。而后者往往比前者更能巩固彼此的关系。

很多大学的朋友在毕业后成了创业伙伴，成了彼此生命中难得的诤友，成了彼此一辈子的财富。

学会合作是人生的必修课

独生子女政策带给中国孩子一个很大的影响——不会合作。的确，从小被无数个亲人围着转，哪里还用合作啊？

可是，当工作之后，你会发现不仅要学会单打独斗，而且要学会合作。你要学会发挥自己的强项，同时善于用别人的强项弥补自己的弱项。

此时此刻，如何合作、如何跟对方沟通、如何发挥自己的领导力、如何分配工作和接受被分配的工作的能力显得非常重要。这些能力能迅速地把两个人区分开。

我第一次遇到前文提过的 C 时，他还是个酒店管理专业的学生，他刚加入我们团队时，我就看出他有一个我不具备的能力——做事极其细心。

后来他告诉我，刚来团队时他觉得自己就是个大补丁，哪里需要就往哪里补。

现在，他已经是个很成熟的制片人了，我们合作了好几部电影，在我粗枝大叶布置的片场里，他每次都会帮我处理很多细致的事情。

合作的意义其实很简单：我们应该集中自己的力量做擅长的事情，利用别人的长板弥补自己的短板，让彼此都感到舒服，让谈判顺利进行下去。

很多人问过我上大学的意义，我觉得上大学的意义在于人，而不在于学位。你如何面对形形色色的人、如何与来自五湖四海的人合作、如何和自己不喜欢的人交流、如何组织一场活动、如何了解活动的哪些细节交给谁去处理最合适等，这些能力在家里是学不到的。只有在社团和学生会，你才能得到最好的锻炼。

我建议每一个大学生都在大学四年中参加至少一个社团，可以是院系的，也可以是学生会、团委组织的，我甚至建议，你可以试着去担任学生干部。因为这能让你看到一个组织的全貌，也能让你提高个人领导力。

当然，这可能需要一步步地往上走。

不过话说回来，什么岗位不都是一步步走上去的吗？

加入社团、学生会是打通校内、校外资源的方式

关于如何选择社团，我有三个建议。

第一是选择自己喜欢的社团，不要因为某些社团疯狂招新的福利而参加；第二是参加的社团不要超过三个，因为你的精力可能不够；第三，要参加真正有含金量、有资源的社团。

什么叫有资源？有一次签售的时候，一个小男生从我进校门一直陪着我，直到自己上台主持。他很细心，也把我照顾得很周到，因为怕出问题，一直在问我问题，比如什么可以问、什么不可以问，比如他主持的时候怎么介绍我比较好。

那场活动办得很顺利，结束后，他一定要加我为微信好友，我一开始不太愿意，后来想到他的一举一动让我挺感动，于是同意了。

几天后，他告诉我自己喜欢主持，想成为一位主持人，我让他把简历给我，转手发给了我在中央人民广播电台的朋友，刚好他们在招实习生。于是他在大二那年，得到了一次实习机会。

这位同学很聪明，因为他知道这是身居社团和学生会的另一个优势：加入社团、学生会是打通校内、校外资源的方式。只要有活动，就有更多与陌生人产生联结的可能性，而这些东西都是人脉。

这就是破圈的本事。我多说一句，很多人不具备这个本事，也没有这样的资源。

而作为主办方、作为承办者，你会有更多机会走向后台、走向嘉宾，去拓展自己的人脉。

当然，我还听说过有些学生会的学长会合理利用自己掌握的资源，帮助学弟、学妹提升自己。这样的行为也从侧面反映了，参加社团是一个打通校内、校外资源的好方式。

你要敢于竞选骨干

多说两句关于学生干部的事情。

你要明白，从金字塔的顶端看到的世界和从底端看到的世界是完全不一样的。在学校也是一样，人越往上走，看到的信息越多。领导力在未来职场是极其重要的能力。

《死亡诗社》中有一个情节，我至今印象深刻：老师让学生们站在桌子上看这个世界，因为从上往下看得更清楚。

如果世界是平的，大家为什么都要往上走？

这说明世界不是平的，也不是绝对公平的。尤其是当你进入某个体制的时候，内部一定分上下级，不管我们有多么不愿意承认。

好在，学生会和社团内的等级观念不像体制内那样严格。我们都应该尝试往上走，看到更广阔的世界。毕竟，不逼自己一把，你也不知道自己有没有领导力。

如果竞选失败了，也可以看看自己和别人差在哪里。

其实，成为一个有领导力的人需要具备很多特质：演讲能力、有担当的个性、平易近人的性格、对突发事件的决策能力等，这些都需要你用四年的时间去学习。

别恋战，该撤就赶紧撤

很多学校的学生会等级观念很严重，甚至严重到让人不舒服的程度。

我去大学做签售时，曾让学生会主席给我找一个小教室，因为我一会儿要上网课，结果那位学生会主席说："我给你安排两个干事去做一下。"

我当时有些震惊，以为自己走进了政府大楼，不敢相信一个刚刚20岁的孩子竟然用了"安排"二字。

可是，临近上课，小教室一直没有"安排"好，我便很着急地打了这位学生会主席给我留的电话。没想到，电话里那位学生说："她是学生会副主席，我也是学生会副主席，她没权力命令我。"

最后，我只能在路边的一个安静地方，用4G网络上了两个小时的网课。

后来我的签售活动结束，那位学生会主席说："李老师，我安排了干事送您。"

我微笑着跟她说："不用，你安排自己送我就好。"

她赶紧放下了手上的东西，刚想说什么，我收起了笑容，严肃地说："就你送我。"

在路上，我跟她说了这么一段话："如果你只学会官僚主义，学会争权夺利，学会不尊重人，学会只要权力而不要责任,那你还是不要当学生会干部了,因为你这一系列行为是愚蠢的。"

我为什么这么跟她说呢?因为中国目前的一些学生会还没有发展好。为什么呢?因为学生会是在团委的指导下,学生管理自己的群众性组织。这是什么意思?意思是学生会的一切资源和权力,都来自分管的团委老师。你掌握的所有权力,不过是小打小闹,跳出这个体系来看,所有的权力不过是过眼云烟。

所以,聪明的孩子会把在学生会获得锻炼自己的机会当真,而不会对获得的权力当真。毕竟,这算什么权力啊?

每年开学,总能看到几个"好大官威"的高年级学生从这个宿舍走到另一个宿舍,嘴巴里还嘟嘟囔囔着"这是我们社长"这样有趣的话。

这样,可真是本末倒置。

除了回忆和朋友,以及能力和经历,你什么也带不走

讲到这里,我想你已经弄明白了参加学生会和社团的意义:那是一个提升自己能力的平台,而不是追逐权力的名利场。

可惜的是,许多学生会逐渐成了一个藏污纳垢的地方,大家身在一个集体,不仅不学习,还比着谁的手段高明、谁更能讨好老师，每次想到这里，我都会有种深深的无奈。

我曾经跟一位还在当学生会主席的大四男生聊天，他自己坐一间办公室，忙得焦头烂额，帮老师打理各种杂事。他不停地跟我炫耀自己有多忙，我问他："你自己的工作找了吗？自己的未来打算了吗？毕业后准备去哪里？想要一种什么样的生活？"

我问到这里时，他有些迷茫，然后转身说："我先走了，老师那边找我。"

我点点头，让他走了。因为当他说有老师找的时候，很自豪。

可是，梦终会醒。无论你在学生会当多大的干部、当多少年学生会主席，在你毕业后，这些都会烟消云散，除了回忆和朋友，以及能力和经历，你什么也带不走。

而这些就是最重要的。

其实从大三开始，你就应该为自己的生活考虑了。

后来，这位学生会主席也没有找到工作，回了老家。我想，如果有一天他们组织同学会，谁会记得他给老师做过那么多事儿呢？

学校的老师，不一定帮得了你的未来；学生会的职位，不会陪你到工作岗位；学校的荣誉，在毕业那天会曲终人散。

当你完成自己的使命，自己也获得了期待的锻炼，就抓紧撤离，别恋战。

你的未来，只有你自己可以负责。

可惜有些人却在最该学习的日子里，陷入了无聊的争斗，毕业后，追悔莫及。

愿我们都能得到自己想要的生活。

临近毕业，
选择考研还是工作？

这是一个关于人生选择的问题，也是微博里学生常会问我的一个问题。

有一句话要先说在前面：任何关于人生选择的问题，都没有固定答案，都要靠你自己去选择，少问多做，有时候做着做着就清晰了。毕竟，每个人都有自己的思路和梦想，这就是人和人之间为什么有着这么多不同。

我无法用一句话告诉你，是应该考研还是应该工作，因为在我完全不了解情况的前提下告诉你，太不负责。所以，我写了这篇文章，给你作为参考。所举的例子都是真实存在的，背后的总结也是我与许多老师讨论过的，只愿对你有一些启发。

第一个问我该考研还是该工作的是一个姑娘，学的是市场营销专业，她特别迷茫。她说自己大四了，找工作怕不喜欢，考研怕考不上，不清楚自己到底要做什么。

我问她:"那你想干什么呢?"

她说:"要不先考研试试吧。毕竟大学四年我也没学会什么,想要在读研时多学点东西,然后去面对世界的残酷。"

我说:"你放心,如果你在大学四年都没有学到什么,那说明你的学习态度和效率已经定型,就不要再指望读研时能学到什么了。把所有的希望放到未来,而不是现在下定决心去改变,且不说能不能考上,就算考上了,也不过是多浪费三年。"

她愣在那里,仿佛我说到了她的痛处。她问:"那我该怎么办?"我继续发问:"我问你啊,你学的专业,市场营销,是你喜欢的吗?"

她说:"是的。"

我继续问:"那是经历重要,还是学历重要?"她说经历重要。

我说:"那你要那么高的学历有什么用呢?如果你想学习,社会本身就是一所更好的大学,能教给你更多更接地气的知识,比如如何跟人交流、如何与领导相处、如何了解产品……这些比学校教的知识更实用。"

她想了半天,告诉我:"行吧,我承认,我就是怕,才想拖延一下找工作的时间。等我研究生毕业,我肯定会更好的!"

我笑了,她问我为什么笑,我没说话,因为很多人都是这样想的。

打败恐惧的最好方式就是迈出第一步,去做那些令你感到恐慌、焦虑的事情，你会发现其实可怕的不过是自己。

许多人考研的原因就在于此。他们害怕这么早进入社会会吃亏，自己大学四年还没学好呢，能找到好工作吗？要不，再学三年吧？

三年后，他们真的会变得更好吗？

我想起我的朋友阿力，他的故事可以帮助我们看得更清楚。毕业后，有两条路摆在他面前：一条路是考本校的研究生，一条路是进一家世界五百强企业工作，月薪5000元。

选了半天，他还是认为自己没有做好进入社会的准备，放弃了企业给的offer（录用通知），在大学继续深造。

读研三年，我见过他两次，他说自己在韬光养晦、寒窗苦读，我说你这是在世外桃源。

其实他的生活压力不大，除了帮导师做做事、赚赚钱、写写论文，其余时间他很少出校门。看似每天在用功读书，其实当没有短期目标和压力时，一个人是很容易变颓废的。

我参加了他的研究生毕业典礼，他说了一句让我很难忘的话："我和本科生最大的区别，就在于他们浪费了四年，我比他们多浪费了三年。"

这句话让我感到很震惊，我问为什么这么说。

他说毕业后，同样的公司给他发录用通知，月薪却只有6500元。他读研究生三年，月薪只涨了1500元，还不算上通货膨胀。最搞笑的是，他的同学在这三年已经做到了项目经理，变成了他的上级，他却要从头开始干。理由是，他没有相关经验，要先熟悉公司的业务，相当于从零开始。

我说："但是你这三年读研学到的东西不白学啊。"

他笑了一下，说："你看过别人杀猪吗？"我说看过。

他继续说："你会杀吗？"我说不会。

他说："我现在就是这样，看过太多人杀猪，听过太多人说怎么杀猪，该我杀猪时我不敢，于是又看别人杀了三年猪，现在逃不掉了，轮到让我杀猪了，蒙了。"

这几年是他的导师在压榨他，成了他的老板，成天和同学在实验室里尔虞我诈，他说："早知道是这样，还不如出国或者早点去工作。"

他给我讲的故事，让我挺难受，我想如果他知道自己早晚都要面对找工作这件难事，早晚都要面对对社会的恐慌，早知道在学校的所有学习、生活都是为了更好地进入社会，他会不会在三年前就不考研了？

或者，他工作几年，知道自己缺什么、需要什么后，再去考研呢？

我不是在强调考研不好，而是说只为了逃避而考研，不应该。

但也真的有很多人，通过考研改变了生活。而且太多人因为考研，生活的轨道发生了巨大的变化。

我做了个总结，有三种人考研，是真的能改变命运，而有一种人是最不适合考研的,我放在最后讲。

- **本科学历不好**

如果你高考发挥失常,对自己本科学历不满意,并且它影响了你找工作,那么就设一个名校为考研目标吧。毕竟,名校拥有更多的资源、更好的师资力量和更厉害的同学,说出去也有面子一些。甚至有一天在找工作时,你也可以直接报自己的研究生学历。放心,面试官一定不会再问你的本科学历,因为你的现有学历往往会盖住原有学历。如果他问了,你也可以自豪地回答,因为从那样一个学校的本科生到现在这个学校的研究生,鬼知道你经历了什么。

- **真的想要去做学术研究,想要去深造**

很多专业是真的需要深造的。比如我的一个学生学的是地球物理专业,他告诉我,本科的学历真的不够支撑自己对这个领域的了解。所以他必须考研,甚至是考博,必要的时候,还要申请博士后。

我听得发呆,说:"博士后啊……"

他笑着告诉我:"因为我喜欢这个专业,想一辈子做学术,想更深入地了解这个领域。这个领域,就是我的世界。"

后来,他发愤图强,真的考上了北大,是六年硕博连读。他说以后还要申请博士后,想留在学校一心一意做学问。

听起来,这是一种不错的生活,毕竟在学校生活相对安稳，但也有挑战。

- **不喜欢自己的专业**

由于某些原因，很多人所学的专业是被调剂过的，本以为一些专业学着学着就喜欢了，殊不知，有些专业学着学着就厌倦了。

我遇到过很多学着自己不喜欢的专业的人，明明知道自己喜欢着另一个领域，但为了本科学历，不得不继续学着。

我曾经写过一篇文章——《别拿你拥有的，去限制你无限的可能》，其中写了对于自己不喜欢的专业，你完全可以用闲暇时间去学习一个喜欢的专业，并且能学得很好，只要你肯牺牲睡眠时间和打游戏的时间。但如果没有资源呢？

你就可以考虑通过考研来实现跨界了。

通过考研，你可以从一个城市考到另一个城市，也可以从一个领域进入另一个领域，站在那个领域的起点，可剩下的，你依旧要靠自己的奋斗和努力。

所谓考研，不是逃避找工作和走入社会的理由，而是跨界、提升、转型的起点。

如果不是出于以上三个原因想去考研，我建议你尝试着找找工作，或者合伙创业，哪怕从基层开始，虽然累，却也是一种学习。只不过，这种学习不是坐在教室里听老师讲课，不是坐在宿舍里看几本杂书。社会教你的，会更残忍、更直接、更痛，却更有用，能打造出最好的你。

最不应该去考研的，是那种既迷茫又焦虑的人。

这种人在大学生里占大多数，迷茫，目标不明确，看见别人考，自己也跟着考。他们感到焦虑，到了大四还不知道自己能干什么，于是什么都想试试，到头来却什么也没有做好。这种人最容易从众去考研。

这样的人，先别说考不考得上，其实容易耽误找工作的最好时机。

这样的人还有一个潜意识，就是尽量拖延走入社会去打拼的时间，避免尽快进入职场。但无论如何，你都要进入社会，走进另一所"大学"。

在社会这所"大学"里，没有毕业一说，没有辅导员，也没有教室。但你会发现，每天都是考试，每日都是测验。从学校到社会，每个人都要完成转型，逃不掉的。

最后，回到这个问题本身。

我见过许多大三、大四的学生不停地问着别人：我该考研还是该工作？

这一问，就是一个月，他整月整月地迷茫着、发问着，却一直不做些什么，坐在宿舍里打游戏、看剧。时间一分一秒地过去，他还在不停地问着别人："我该干什么啊？"

然后6月过去了，校园招聘季结束；然后11月到了，准备考研来不及了。

他又继续等待第二年，继续迷茫着。

爱默生说过:"20多岁最重要的是坚持,30多岁最重要的是智慧,40多岁最重要的是选择。"20多岁时的迷茫是常态,因为选择是40多岁的人才拥有的能力。

既然如此,那你在迷茫的时候为什么不先做点什么?你为什么不先写份简历,去人才市场投投,看看自己适合做什么?

你为什么不去找个导师问问,你喜欢的专业今年招不招你这个专业的研究生?招几个?该如何备考?

人啊,最怕的就是永远不迈出第一步,去尝试,然后坚持一下。

有时候,一件事情坚持着坚持着,就可能变成了事业;一段恋情,坚持着坚持着,就可能变成了婚姻。

有人说,要是坚持错了呢?

那又如何?你还这么年轻,大不了从头再来啊,总比你在原地傻站着强。

杨绛先生说过:"你的问题在于读书太少,想得太多。"

其实,还有一件事情更痛苦,就是蹑手蹑脚、恐惧前方,不迈出第一步去尝试。还没开始做,就自己吓自己,说万一不行呢?

你只有试过才知道自己适不适合现在考研、适不适合现在工作。

一旦决定,就义无反顾地拼;一旦放弃,就无怨无悔地走。这才是青春该有的模样。

留学背后的真相

出国的意义是什么？

2012年前后，我身边的许多朋友在大学毕业后选择了一条路——出国。

这个时代变化很快，中国教育培训行业的历史，就是中国几代人的发展史。

在我们那个年代，留学似乎是走入精英圈的必然选择。那个时候，新东方收益最高的部门是国外考试部。

没过几年，国内考试部的业绩突飞猛进。因为国内发展迅速，考研的人成了主力军，大家意识到，先去大厂打工，然后自主创业似乎是更容易成功的。之后，公务员考试的业务越来越好，因为越来越多的年轻人意识到，社会上有那么多欠了一屁股债的创业失败的人，在国企和体制内才是真的好。

时代变迁总能影响大学生做出不同的选择，但我还是先讲完这个发生在 2012 年的故事。

那时是"出国热"，中国还不像如今这般发展，互联网还不像今天这样发达，虽然不知道国外会如何发展，但那里毕竟是远方。

有些朋友去了美国，有些朋友去了欧洲，有些朋友去了印度、老挝、柬埔寨。

那时，对有追求的文艺青年来说，好像没有什么选择比出国更能看到广阔的世界了。

我的朋友秋秋，就是无数漂洋过海的学子之一。自北京科技大学毕业后，她没有选择考研，英语专业的她通过面试去了英国的孔子学院，当了一名中文老师。

她在那里传播着中国文化，这一去就是两年。两年后，聘任期结束，她回国找工作，准备定居北京。

秋秋从英国回来后的第一周，我见到了她，我问她生活怎么样。

她说除了人多有点不适应、空气太差不喜欢，其他都挺好的。

我们是多年朋友，虽然许久不见，但我总能感觉到她身上有些不愉快的情绪在蔓延。

我知道她在一家投资公司实习，男朋友也刚刚毕业，两个人在英国时通过社交软件联系，好在回到北京后两个人的感情没淡。毕竟刚刚毕业,两人很快投入了在北京打拼的节奏中。

我问她新公司怎么样,她说挺好的,老板、同事也挺喜欢她的。我问:"那工资呢?"

她说:"有7000多元,扣掉五险一金,在北京够花。"

那天,我们在世贸天阶,吃着东西,聊着天。

之后每次聊到工作和现状,她的情绪中总是透露着明显的不满,却碍于面子,不太好发作。

可聊到在英国的那些事,她的眼睛就放着光,她喜欢跟我分享自己在孔子学院的故事,聊到英国的世界杯,聊到英国孩子的口音,聊到北爱尔兰的公投,聊到她住的地方——曼彻斯特。

每次聊到国外,我都能看到她的笑是那么真,她说自己怀念那个时候的感觉,那两年是她最走心的青春时光。

我说:"那继续留在那边呗?"

她说:"这里是我的家啊。"

忽然间,我想到了很多出国留学的人。

人回来了,心没回来

2012年前后,大概是中国最后的"出国潮"。

在国内看不见希望时或找不到好工作时,大学生总想去外面看看。我的双胞胎姐姐,也是出国"大军"中的一员。

那年她高分考过托福和 GRE，一个人背井离乡去了波士顿。前几个月还好，可是到了半年前后，她开始感到迷茫、难受。

一个中国人，在国外很难混进主流的圈子，不是因为种族歧视，而是因为在你看《葫芦娃》的岁月里，对方在看《辛普森一家》；他们讲的笑话是关于总统选举的，而我们只在读小学时选过"超女"。你只能说："In China we…（在中国，我们……）"但他们说："Hey, this is USA.（这是在美国。）"

文化不一样，无论英语说得多么流畅，她始终是门外汉，在那里找不到属于自己的位置，混不进对方的圈子，在哪里都是背井离乡。

两年后，我姐姐从美国回到中国，去了一家知名的媒体当记者。那家媒体给她开的工资不高，她浑浑噩噩地干着，我时常跟她开玩笑说："早知今日，当初你为什么还要出国啊？你看你现在的工资还没我高，也没当初那个不如你的同学高，哈哈哈哈。"

每次开这种玩笑，我总看不到她的脸上有笑容。她总是显得很沉默。

直到有一天，姐姐告诉我："说不定哪一天，我脑子一抽，就又回波士顿了，说不定读个博士，说不定找份工作，说不定在那里定居了。"

我仔细听了，她用的是字眼是"回"。

的确，有些海归不甘心这么快在国内安定下来，就好像，远方的那个地方，才是家。

可是，他们有的回不去，由于某些客观原因，无法定居远方。那么，远方就会成为每一个归家孩子的梦，这个梦，会陪伴他们很久。回不去，又不能很快来到。

可这个梦，是他们的青春。

两年后，我陪我姐姐去了美国，她一路上都在跟我说，这里是她自习过的地方，这里是她上过课的地方，她在这里笑过，她在那里哭过。

她说这话的时候像个孩子，可是她清楚地知道，自己再也"回"不去了。

她依旧会想念波士顿的一草一木，却只能感叹着生活的无奈。

出国有错吗？

我一直觉得在 2012 年前后出国的孩子，心中总有一种难言的伤。

2014 年后，中国的经济发展迅速，互联网和文化领域迅速崛起，投身于房地产不再是中国人致富的唯一方式。

搭上互联网和文化快车的人在那几年大多迅速地致富，西方却在走下坡路。2017 年，特朗普上台执政，美国的政治和经济遇到更大的挑战。在这样的情形下,大学生出国到底是否合适,开始在很多人心中打上了问号。

可是,对于那些出过国的人来说,他们没有选择,因为已经发生的事,你从来不可能说如果。

就像秋秋再一次见到我的时候,红着眼睛喝了两杯威士忌。

我问她怎么了,她说自己受够了。

她说自己受够了那些比她小的人对她指指点点,受够了自己在国外学的知识在国内用不上,受够了接受国内的规则,她要回英国。

我仔细地听她说话,她再次用了这个字——"回"。

可是,回得去吗?喝了两杯后,她终于鼓起勇气辞职,我看她打着一行字,又删除,又打了一遍发给男朋友看,又迟迟不敢发给老板。

忽然间,我想起了许多人,他们从国外回来,都发生了变化。

一些辞了职,一些换了伴侣,没人知道他们在想什么,只有他们自己在留学生聚会时,才会互相倾倒苦水,讲出那种想回又回不去的矛盾心绪。

秋秋那天没有辞职,想了半天,还是决定冷静下来,她看着我说:"不丢人吧?"

我说:"赚钱哪有丢人的?"

秋秋笑着说:"骂了老板那么多遍,现在我还是不敢辞职,不丢人吧?"

我说:"哪有?!"

那些出国的朋友,都是曾经的佼佼者,都是眼睛里容不得沙子的人,他们希望看到更广阔的世界,希望靠自己的能力改变和帮助国家,于是选择了出国,花了家里大把的钱,花了自己最宝贵的时间。

可是回到祖国,他们有的格格不入,于是只想逃避去远方。尤其是看到那些没有出过国的人,竟然混得比他们好时。

那天,秋秋喝得大醉,她在恍惚的时候问我:"龙哥,我出国是不是出错了啊?!现在没出国的同学一个月赚得比我多得多。我要是两年前就开始干自己喜欢的事情,现在赚的钱肯定比他们多啊,至少会是个项目经理啊。追了那么多年的远方,到头来怎么会后悔啊?!"

故事讲完了。在讲我怎么看这个问题之前,我想先问问你,你觉得她出国的选择错了吗?

你要不要出国?

我们回到这背后仔细分析,其实就这位朋友和我姐姐而言,她们真的在留学中学到什么中国没有的东西吗?恐怕没有。因为那些知识,中国也能学到,你打开知乎、小红书、抖音一搜,都有分享;你打开得到、学浪也都有相应的课。

那她们获得了什么?

答案很简单,对她们而言,更多的是花 1~2 年,设身处地地感受了一种不一样的文化,看世界的角度变得不一样。

我没有出国留过学,但我教过很多出过国的孩子。我之所以不出国留学,仅仅是因为没钱。

多说一句,很多人问我要不要出国,我的第一个问题是:你的家庭条件怎么样?

如果家庭条件好,出国对你来说的确是很好的选择,但如果家庭条件一般,这条路往往被堵得死死的。

如果那个时候我的家庭条件好些,我也会选择出国读书,哪怕学到的东西不多,但那一两年的经历,也能让我看世界的角度变得不一样。

我曾经问过自己一个问题:如果每个人不能决定自己的出身,结果又都是一样的,那么人和人之间能有什么不同呢?答案很简单,不是你这辈子赚了多少钱、获得过多少荣誉,而是你这辈子经历的事情、去过的地方、见过的人、读过的书,这些造就了现在的你。

这些年,很多家长都在问,孩子想去日本、美国留学,但他们又怕学不到东西,担心这笔投资划不来。

我觉得,那些经历,那些不一样的思维方式,那些国外的渠道、人脉不能用金钱来衡量。相比于这些,那一纸文凭反而是单薄的。

看过的远方、听过的故事，都会融入你的血液，与你如影随形，它们会变成你的格局、你的修养和你的眼界。这些，对一个孩子来说是更重要的。

疫情后，你应不应该选择出国？

最后一个部分，我们聊聊在后疫情时代要不要出国。

不得不承认，疫情确实影响了很多人出国的步伐，不仅如此，还让国内和国际的矛盾加深了。一个个因为隔离、排外、民族主义而对留学生不友好的国外视频，一个个失业、失望、回国隔离"21+7"的例子，好像在告诉每个人，别出去了，在国内待着吧。但现实真的如此吗？

根据《2021年度全国留学报告》来看，在疫情之下，原定出国留学的人群中依然有91%的家庭坚持留学，英国、美国还是最热门的留学目的地，分别占44%和32%。整体上有意愿出国的学生比例不降反升，这到底是为什么？

2021年8月，我的一个朋友准备去洛杉矶办事，他发了条朋友圈：你们疯了吗？这么贵的机票。我才发现，从北京到洛杉矶的机票（请注意，不是回国，而是出国的机票）平均高达3万多元。

这充分说明留学市场并没有因为疫情而严重缩水，想出去看一看的大有人在。

果然这世界永远有两套规律：一套在嘴上，一套在行动中。

我想起一件事：疫情最严重的时候，我去北京一家特别有档次的餐厅预订，服务员说周末已经满了。

我才知道，在我们恐惧疫情时，那些真正能抓住机会的人已经学会如何贪婪了。

我的一个学生，雅思成绩也就五六分，平时的绩点也不高，但在2021年被英国一所非常好的学校录取。原因很简单，那就是英国那所学校招不到中国人。

别人恐惧时我贪婪，别人贪婪时我恐惧。巴菲特说的话，似乎有理。

留学市场还是会继续火爆下去，这是我的预测。因为无论如何，出国的意义在于看到更大的世界，在于活出另一种可能。

应不应该考公务员？

考公务员就意味着稳定吗？

我是一个在体制内待过，后来又离开的人。很多人看到标题时，以为我会给出绝对否定的答案，其实不然。

我曾写过一篇文章——《你所谓的稳定，不过是在浪费生命》，因为影响力很大，所以很多人在网上骂我，这些人没有真正读懂内容。

这篇文章从来没有不让大家追求稳定，相反，它是想告诉大家，只有不停奋斗，才能获得稳定。

就算进了体制，也要保持"随时离开"的能力，才能所向披靡。

可惜的是，很多人都没有看懂。那篇文章写得真挺好，期待大家有空找来看看。

那么，应不应该考公务员呢？

我直接给出我的答案：如果你的家庭条件一般甚至普通，比如父母是农民、工人、小个体户，或者是普通企业员工、普通公务员、中产阶层以下，他们没有办法帮你安排更好的出路，自己又没有办法实现更大的阶层跃迁，毕业后你甚至不知道何去何从，迷茫得很，我觉得考公务员真的是一条很好的路。

更何况，现在工作不好找，这条路很适合想要稳定的普通人。

当然还有一种人特别适合考公务员，就是有着自己的梦想，想要为这个国家和社会抛头颅、洒热血，想要一路在体制内"打怪升级"，目标明确。这一类人，一定要去考公务员。

公务员考试很公平。是的，你没看错。我想，公务员考试应该是高考之外最公平的考试之一了。我们确实看到一些新闻说公务员考试黑暗，但你仔细搜索，还有高考、研究生考试黑幕呢。笔试的出题人来自各行各业，考试要从题库中随机挑选组成试卷，哪怕考生认识出题人也没用，你永远不会知道自己抽的是哪道题。

接着说面试，公务员考试中的面试考官一般是由市直属单位、县市区组织部领导班子成员组成。面试期间，考官被封闭管理，有武警站岗。一个考场里面有那么多考官，且不说考官是靠抽签决定考场，即便考生走了运，恰好在熟悉考官的考场，但是参与打分的考官有好几个，互相制衡。考官不敢轻易给考生打高分，因为一旦考官给考生打的分"畸高"或"畸低"，相关组织（包括纪律委员会）会对其进行调查，轻则踢出考官库、政治生命受影响，重则被直接处理。更何况，全程面试都会被录像，想要作弊比登天还难。

在这样的制度下，公务员考试的公平性可以得到保证，你有能力就不会被埋没。

你和别人的机会是平等的

如果说高考还有地域差异，那么，公务员考试这一层的资源是平等的。

跟考研一样，如果你是应届毕业生，那你几乎可以报考任何一个省市的公务员岗位，除了北京等特大城市稍微限制些条件。考公务员时，这一切能平等很多，你的竞争对手不再是家乡省市那么多学霸，而是在跟外省的人员竞争。要知道，高考的时候，北京、上海的考生可是十分具备地域优势的。现在，大家在同一水平线上考试。

每一个城市都有自己的要求，大家报考的时候可以仔细看。

爸妈终于不用担心我的未来了

公务员可以算是"铁饭碗"，虽然不会令你大富大贵。

公务员的收入，一般包括基本工资、津贴、补贴等，一些地方年底还有绩效奖金以及各种油、盐、酱、醋的福利。

这些，至少能让你解决温饱问题。在一些省份，公务员的收入很不错。如果夫妻两人都在体制内，也可以过上稳定的生活。

我的大多数留在家乡的公务员朋友，已经有房有车又有孩子。他们的生活比较自由，也没有太大压力。

最重要的是，爸妈终于放心了，他们再也不会问你在干什么。

你成了老百姓和邻居口中的"国家干部"，爸妈会感到很有安全感，也会到处说且以你为傲。中国这么多年"铁饭碗"和"官本位"的思想，大多数父辈会觉得当公务员是一份好工作，既稳定、福利待遇好，又能够获得较高的社会地位。

因为稳定，可能更是女孩子的选择。

疫情防控期间，你会发现许多公司停发或削减了工资，很多公司要么裁员，要么倒闭，但体制内工作依旧保持着不拖欠工资的传统，其岗位稳定性可想而知。

当然，我也不是鼓励每个人去考公务员，这的确是一份饿不死的工作，但也有可能不适合你。

第一，一进体制毁专业。

无论你学的什么专业，在体制内都显得不那么重要。在工作中，可能更需要你有一种综合的软实力，比如会沟通、写文案、组织开会。所以，如果你特别在意自己的专业，做出这个选择时一定要谨慎些。

第二，缺乏成就感。

稳定是体制内最大的好处，也是最大的难受之处。你做的所有事情是按照规定、制度和规矩来做的，导致你很难有独立和自由的想法。爱自由的人，做这种选择需谨慎。

第三，不会大富大贵。

一句忠告：想要发财，别进体制。

第四，熬年头。

公务员的上升空间是有限的，许多要三年才能升一级，但这也因单位而异。在有的单位，公务员干满三年就可以按期晋升，有的公务员可能干十年都升不上去。在体制内，大多是一个萝卜一个坑，别人不下去，你肯定上不来。

所以，你需要熬年头。但这年头，是你的青春。

跟考研一样，我还是建议每一位决定入局的人想明白：一旦决定，别后悔，咬紧牙关；过了考试后，继续咬紧牙关，耐住寂寞。

大多数在体制内上升快的人，不是做了什么惊天动地的贡献，而是耐住寂寞没犯错。寂寞的时候，是磨炼自己的最好时间，无论在哪儿，都要记得努力学习，磨炼出自己的稀缺技能，保持离开体制也能活得很好的能力。

无论在哪儿，拥有这种能力都是关键。

未来职场需要哪些软技能？

不管你现在学的是什么专业、以后要换哪个专业，按照前文所说，你以后从事的工作，多半和所学专业没有太大关系。当然，就算有关系，在实际工作中需要的技能，也比你现在学到的复杂得多。

这个时代变化太快，太多专业是过去没办法想到的，教育部也是先设立了一个专业，很多老师被招进去也是一边学，一边教。比如编导专业，这个专业原来就是为电视台准备的，现在有些学校竟然设立了短视频编导专业。

很多老师也属于赶鸭子上架，还有很多专业，曾经热门，不到一两年，就没有这个专业的工作了。在这样一个时代下，作为一个合格的大学生，你必须学会跨界。未来，你一定会换工作，甚至会换行业，但无论你换哪项工作或哪个行业，这些软技能都是未来的方向。

做好准备了吗？我们一起来看看。

设计感

人工智能再怎么发达，也无法代替一个具备设计感的人。

设计的本质是创新，优秀的设计总能创造出一种新的解决方式，让事情得以顺利发展。

而这个时代，越来越需要一种设计思维。

简单来说，设计思维是一套以人为本的创新模式，它关注的核心不是产品，而是人，它是站在人的角度，挖掘人的需求。

比如说苹果被认为是全球最有设计思维的公司之一，好的产品首先是设计得好看，好看就是以人为本。包括书，比如我的作品封面，我跟我的设计团队首先沟通的就是是否好看，因为好看就是设计思维。

如果学校有美学、设计、广告等选修课，你一定要去上，因为这是提高自己美感的最好方式。

设计感在未来非常重要，尤其是独特的设计、独特的美。

你可以看看身边，几乎所有东西都被设计过：电脑、手机、微信界面……

但可惜的是，现在大多数人的审美，过于单一。

我在筹备网剧《刺》的时候，就跟导演说过，我们这部剧一定要有不一样的美感，不能千篇一律，所以一个流量明星都没用，用的全是实力派演员。选择校服的时候，我们也特别注意不选择那种千篇一律的，而是选择了淡雅且不浮夸的美。

今后你会发现，当产品的质量一样时，是否有设计感是最重要的。伦敦商学院的研究表明，每增加1%的设计投入，产品的销量和利润就会平均增加4%。

无论你在哪个领域，设计感都是非常重要的。

我经常建议听我课的同学少看那种审美单一的电视剧，因为既不利于个人审美的提高，也不利于自己的成长。

我的审美虽然不太好，但我至少在学习，所以我的每一本书的封面都是有突破的。我自己的公司也经常"逼走"设计师，因为我实在弄不明白，为什么设计师也能千篇一律？花一整天时间设计的图跟昨天的没有任何不一样。

那说到这儿，怎么培养这种设计感呢？

其实提升方法就是多看、多记录，比如学画画、学拍摄，然后分析哪种更好看。

王小列老师是《战狼2》的摄影指导、著名导演。有一次我跟他聊天，问除了上课，还有什么方法能提高设计感。

他说："一定要多观察生活，培养自己对不一样事情的看法，去博物馆、多看一些杂志，甚至看影视剧的时候也要从一些配角那里找到一些亮点，这对于审美能力的提高很有帮助。"

共情能力

现在越来越多的大学生,在大学四年待得缺乏共情能力。

他们刷着各种短视频,打着各种游戏,冷漠地看世界,一会儿一句:"那又怎么样呢?"

这样的人,未来多半会被淘汰。

拥有共情思维是以人类为代表的高级哺乳动物身上的一种经常被忽略的天性。

一个人受伤了、摔倒了、被家暴了,甚至他的孩子受到了伤害,许多人看到这样的悲剧时,第一反应竟然是:幸亏没发生在我身上。

共情思维就是站在别人的角度思考问题,虽然这些事跟自己没什么关系,可自己就是会在意,会不由自主地想象如果那样的事发生在自己身上怎么办,并产生相应的情绪,有时还会为此做点什么。这种现象就叫共情。

比如你在网上看到一些写得好的文章,觉得是自己特别想讲但是讲不出来的,那说明作者其实有共情思维。

所有伟大的产品经理、任何一个行业的高手都具备共情能力。

因为他的产品要跟用户产生共鸣。

在机器和人工智能面前,更多人希望你能够调动自己的情感去共情。

你现在学的专业，如果不能让你做到和人共情，那以后你多半会被淘汰。

比如你学的是法律，但你学到的法律条文不能以人为本，就是无意义的。

比如你学的是中文，但你学到的文学不能让人感同身受，那就是无意义的。

共情能力是每个人都有的。比如打哈欠，这个动作是很容易传染的，在课堂上，看到别人打哈欠，你也会不由自主地打起哈欠来，甚至看到我这句话中的打哈欠，你可能已经开始打了。不仅仅是动作，情绪也会传染，你看到别人难受，也会想到自己难受的事情。

你的专业跟现代人有关系吗？能共情吗？

共情思维是人在社会化的世界里必须掌握的，能与别人共情，就能照顾到别人，从而有效地减少矛盾和冲突。弗朗斯·德瓦尔在《共情时代》中讲了个案例：在一次实验中，出于研究需要，工作人员给一只倭黑猩猩很多吃的，但这只倭黑猩猩没有吃，只是无助地看着工作人员，用手指向它正在观望的同类。工作人员只好给所有的倭黑猩猩发了一点吃的，这只倭黑猩猩才开始吃眼前的食物。

显然，这只倭黑猩猩为自己得到太多而感到不安，这是群居生物与生俱来的共情能力。

这就是共情带来的帮助，能让你去考虑别人的感受，也为自己换来了安全和爱戴。

其实每个伟大的艺术家都是这样的，艺术家就是用作品来帮助我们表达情绪。歌曲、电影、文字都是把别人说不出来的东西说出来。

这就是共情，这种思维，在未来很重要。

你看到某条新闻是不是会潸然泪下？你是不是学习某个专业时心里会想着某个人？如果是，恭喜你。

说到共情能力，我向大家推荐两本书，作者是美国作家亚瑟·乔拉米卡利，一本是《共情力：你压力大是因为没有共情能力》，一本是心理学名著《共情的力量：情商高的人，如何抚慰受伤的灵魂》，作者在弟弟死后，用了一生去提高自己的共情力。强烈推荐你在闲暇时间去看看。

讲故事的能力

讲故事的能力，也叫故事思维。

关于讲故事的方法，各位可以参考我讲过的一门故事写作课，关注飞驰成长的公众号，就能找到。

所有厉害的畅销书作家以及好的导演、编剧、创业者、产品经理等，都是讲故事的高手。其实，写故事都是有公式的，比如"主人公的目标＋阻碍＋努力＋结局"。

但你要知道，许多人包括商业领袖也需要会讲故事，乔布斯、马云、雷军全部是讲故事的高手。在融资的时候，也有投资人会经常说："请将你公司的故事讲给我听。"

把一个商业、复杂、难懂的事情，讲成谁都能懂的故事，这个思维模式在未来特别重要。

我推荐一本书——《故事》，罗伯特·麦基写的，是每个作家、编剧的"圣经"。如果你读不进去，也可以看看他的《故事经济学》，你会特别喜欢的。罗伯特·麦基经常来中国做演讲，他来的时候，原来听他讲的都是编剧、作家，现在几乎是各个行业的人都有，包括企业家、产品经理、设计师、老师……

故事很重要，因为故事是每个人都需要的东西，是意识形态的载体。

多看小说、电影和那些有营养的电视剧。记得，不要总是讲道理，要让人家去讲道理，你讲故事。

整合资源的能力

之所以鼓励大家大学四年要去学生会、社团担任学生领导，是因为整合资源的能力在未来非常重要。

你认识很多人，学到很多知识，去过很多地方，这都不厉害，关键是你怎么用这些东西。

你有很多资源，这也不厉害，关键是你怎么整合这些资源。

在影视圈，整合资源的叫制片人，你认识这个导演、这个编剧、这个原著作者，然后把这些人放在一起，你就有了一个"盘"；在公司，整合资源的叫产品经理，你把设计师、工程师、老师放在一起，就有了自己的"组"；在职场，整合资源的叫 CEO（首席执行官），你把各个部门的负责人搭配好，就有了自己的"公司"。

这种整合资源的人还有个特点，就是能把看似无法匹配的资源组合起来。这种人注重大局，而不拘泥于细节，长期跨界，不满足于自己的专业，也就是我们平常所说的成为一个跨领域"打劫"的人才。机器是很难把不同行业的人无缝衔接的。

现在这个时代，跨界思维无处不在，甚至逐渐演化成跨界"打劫"。

2020 年初，电影院关闭，绝大多数电影的上映都停滞了，但只有《囧妈》实现了跨界"打劫"，用互联网思维直接"吊打"院线，实现了商业上的巨大成功。

那怎么培养这种跨界思维呢？其实有个特别好的办法，就是练习"比喻"。比如我们前些时间搞拼课，很多人看不懂，我说这其实就是在比喻拼多多，很多事情都是不同行业里做的同一比喻。我还有个建议，就是努力实现技能的迁移，试着在多个行业里提高自己的能力，多去考虑能否进行多领域交叉。

你要多去思考，你现在拥有的这些资源，能不能碰撞、交叉起来。

这要求你在大学期间，多参加活动，多组织活动，多站在高处调配人事和资源。

娱乐感

你身边有没有那种他一说话大家就笑的人？这样的人，你一定要多向他学习。

这样的人，可能是未来。这就是脱口秀演员现在赚得盆满钵满的原因。

所谓娱乐感，简单来说，就是一种让人觉得好玩的能力。别小看这种能力，你打开手机上的任何节目，但凡你觉得它不好玩，很快就关掉了。

你想想上一次你在课堂全程没有走神的课是什么？为什么？是不是因为这堂课好玩儿？

玩乐是人类的天性。比如玩俄罗斯方块，你细想，这是个特别"傻"的游戏。因为这个游戏没有任何目的，它唯一的目的就是看你怎么死。但即使这样，人们也愿意一直玩下去，因为人们享受玩这个的过程。

比如超级玛丽，这些游戏上手就能玩。

不仅是游戏，如果今天你做的是产品，你的产品要会跟人玩；你做的是创新，你就要跟创意玩；你做的是运营，你就要和客户玩。

任何事情，都要有趣。有趣是容易形成习惯的，除了让自己的生活有趣，还要经常思考：我学的这些东西，可以使我变得有趣吗？

这里我要推荐一本书，亚当·奥尔特的《欲罢不能》，感兴趣的同学可以找来读读。

娱乐感，将会是未来非常重要的能力，因为娱乐是人的本能，一个能让人笑的人，肯定是一个聪明且内心强大的人。因为他敢于自嘲、思路敏捷，这一定是可以养成的习惯。

幽默是一项特别稀缺的技能。其实现在让一个女生在一个踏实的男生和一个幽默的男生中选，她多半会选择幽默的。女孩子经常说，踏实的人拿来结婚（这话本来也带着幽默感），但如果踏实中还带着点幽默，那就更好了。

提高娱乐感的最好方式，就是收集段子，用一个本子把自己觉得好笑有趣的笑话记录下来，黄西把这个称为段子库。推荐两本书，分别是黄西老师的《滚蛋吧，自卑》和李新老师的《幽默感》。

意义感

意义感十分重要，生命若没有意义，便如同行尸走肉。

你一定要站在更高处问自己："我学的专业在未来有意义吗？"

我说的意义,是那种从上到下的、大的意义。

比如你学文学,你有没有想过,你学的是人类思考的结晶,未来你也要写出改变一代人的小说?

比如你学医学,这辛苦的五年里,你有没有想过,未来你会拯救无数生命,救死扶伤、改变世界?

比如你学计算机,你有没有想过,你这个专业是科学走到今天的基石,所以你要努力学?

如果你觉得专业没意思,找不到意义,想必你也学不好。

意义,是自己找到的。

现在,许多年轻人在一家公司工作,他们的要求特别简单:要么给我钱,要么给我意义。意义和钱是对等的。

有时候意义比钱重要。当一个人的温饱被满足后,他肯定要思考工作的意义,所以工作一定要有意义。

什么叫意义呢?总的来说,就是你学的专业、做的事能否和伟大、美好、真挚、善良这些词联系在一起。做一件事的时候,你要多思考这件事有什么意义。这种思维模式是未来需要的。在未来,意义感会变得极为重要,所有有才能的人都会追求自我实现,追求自我价值的最大化,但请记住,意义是自己定义的。尼采和叔本华都说生命没有意义,但我们在追求意义的时候,忽然发现了意义,甚至产生了意义。

专业,你可以学得苦,但一定要找到意义。这样多苦都值得。

看着远方,向着未来,才能勇往直前。

当你进入职场时,工资可以少,但一定要有意义。

同理,一份工作,若没了意义,无论赚多少钱,你都很难受。

有效学习

第二章

读大学究竟在读什么?

为什么叫"读"大学?

这一章,我们系统地谈一谈读大学究竟是读什么。

大学和高中不同,如果说高中重要的是教材、是课本、是真题,那大学重要的是老师、是杂书、是同学。

是什么区分了一流大学和一般大学?

是设施吗?

我去过一所北京的院校,那里的宿舍环境好得不可思议:四个人一间房,有阳台,还配备了空调;学校不大,但有四个食堂;绿化环境很好,每周五还有喷泉表演。这所院校不是清华、北大,而是一所二本院校。

是大楼吗?

大连一所学校的高楼有35层,高150米。虽然它是一所很好的学校,但并不是排名全国前几。

是规模吗?是人数吗?其实都不是。

是教师。

每个学校都有自己的教师队伍,但大师可能就那么几个。可是那么几个大师,就能代表一个学校在某个领域的水平。所以,会学习的学生,一定不会逃那些大师的课。要知道,有多少人跋山涉水、翻山越岭,就是为了来听一次他们的课、问他们一个问题。

并不是每个老师都是理想中的好老师。这么说吧,有的老师上课念PPT(幻灯片)或者照着课本念,还不怎么备课,这样的老师难道不是在误人子弟吗?这种水平的老师和大师的差距还是很大的。

将话题拉回来,这涉及了另一个问题,大师的时间都是宝贵的,他们的课都是稀缺的,有些年纪大的大师,可能讲着讲着就退休了,那怎么办?

感谢印刷术,让那些厉害的人的思想被更多人知道。

教学里有一个重要逻辑——教而优则著。那些讲课特别好的老师,你在互联网上搜索他的名字,总能搜到他的作品。而人的作品,就是其思想的衍生。我有个习惯,那就是只要遇到特别好的老师,我都会问他有没有写过什么书,然后把他的书都买回家读。

于是,我们涉及读大学的第二个关键点——读书。

读书是最优雅、性价比最高的提升自己的方式。在大学，你最应该去两个地方：一个是图书馆，另一个是书店。读书是一件极其美好的事情，你能想象你和马克思聊天吗？你能想象你和尼采聊天吗？你能想象你和孔子聊天吗？

当你在宿舍读《资本论》的时候，当你在图书馆读《悲剧的诞生》的时候，当你在书店里买了一本《论语》的时候，你便穿越了时间和空间，与这些大师有了交流。

在本章最后，我来为你推荐大学生必读的五十本书。想要书单的同学，可以直接翻到那里。

书读得越多，你越觉得自己渺小，越觉得世界伟大，越尊重未知的世界，越期待看到更大的世界。

读大学的第三个关键点，是同学。

三人行，必有我师焉。无论你是不是在一所好的学校，你身边一定有值得你学习的同学。哪怕你在一个人人都不怎么学习的烂学校，在学习论坛里，也一定有人在默默"潜水"下载资料。这样的人，你总能找到他们，跟着他们一起学习。

你从同学身上学到的东西，可能比你从老师身上学到的东西还要多。

大学四年要培养的三种思维模式

当你明白了读大学究竟是读什么的时候，就一定会明白，有三种思维模式是大学四年一定要学会的。

● 独立思考

要学会独立思考，首先要敢于挑战权威，摆脱思想依赖的习惯。不是每个老师讲的话都是对的，不是每本书说的都是金玉良言。学会独立思考的前提，是怀疑一切。怀疑和质疑不一样，质疑是当面或者背后说出来，怀疑是内心深处的疑惑，不一定要说出来。

做人留一线，日后好相见。

上课时就算要怀疑，也要注意表达方式。多说一句，高情商也是大学四年要学习的。

● 学会提问

一个好的问题，能够获得好的回答。可惜的是，越来越多的大学生没办法提出好的问题，因为他们的问题在网上都能搜索到，也都能找到标准答案。心理学家莉莲·莫勒说过，提问是使你的大脑实现程序化的最强力的手段之一，因为提问具有强制思考的力量。

人类，天生喜欢被问，从而触发思考和交流。因为人的大脑从机能上说喜欢接受提问，从而自发思考。天才科学家，总是不断地向自己发问。

因而，提问远比命令更具效能，它有助于创意和对策的产生。

如果你在大学四年里，能问出四个好问题，并能得到解答,已经是物超所值。

好的问题一定是经过内化和深思后提出来的。学会提问的思考模式,你就能在大学里找到自己的弱点,并克服它,获得成功。

我看过一个段子,说中国学生回到家里,家长都问:"你今天学到了什么新知识?"而犹太学生回到家里,家长则问:"你今天问了什么好问题?"

前者侧重于学习已经有的知识,而后者侧重于发现未知的问题。后者的学习效率,比前者高得多。

推荐一本书,美国作家尼尔·布朗的《学会提问》。

很多人看完这本书后再去听老师的课、听别人的讲座,都学会了如何提出自己的问题。

● 反思能力

如果可能,大学四年一定要写日记。

日记不是给别人看的,而是通过这些日子,自己完成反思。今天做得不好的事情,精进并反思;今天做得好的事情,看能不能做得更好。

我曾经遇到过一个做什么事情都失败的人,那天他在朋友圈里发了一句话:你是怎么做到工作、爱情两都误的?

其实他远不止这么寸。我认识他是三年前,这些年他尝试过很多行业,从英语教育到后来的知识付费,再到今天的新媒体运营。我给他点了个赞,他忽然发消息给我,向我吐了一顿酸水。

当然,我也没有解决方案。跟他聊完,我忽然意识到,一个人把每件事情都做失败,其实很难。因为你说你做一件事失败,也就算了,如果你做每件事都认为自己失败,背后一定有原因,要么是目标太大,要么是方法有问题。但无论如何,他跟许多人一样,缺乏一种思维模式——反思。

关于反思,有一本书特别推荐,是《黑匣子思维》。书里有三条方法论,我也一并提炼给你。

① 不要被过强的自尊心干扰

一个人如果常年有着过强的自尊心,很容易陷入麻烦,不进步、不反思。因为他太在乎自尊,遇到一点小失败,就容易长坐不起。

比如牛津大学有些学生会有一种奇怪的行为,就是在关键时刻突然毁掉自己以前所有的努力。要知道他们可是牛津大学——世界顶级名校的学生,竟然也会如此。他们每个学期末都有一场重要的考试,就算平时没有学好,同学们一般也会在考前阶段临时抱佛脚,抓紧时间复习一下,努力一把,万一最后考试过了呢?但是有一些学生很反常,平时表现挺优秀,可是到了最后关头却选择用非常消极、被动的方式对待考试。他们会在考试的前一晚把自己灌得烂醉或抽大麻、办聚会,或者干脆跑到很远的地方去玩,直接缺考。

他们为什么要用这种自我毁灭的方式对待自己呢?其实这

种行为很常见，在心理学上被称为"自我妨碍"：因为他们太害怕失败了，所以只要最后的成绩和他们想象的有差距，他们就会给自己贴上失败者的标签，而这样会深深伤害他们的自尊心，要知道他们可是牛津大学的高才生，无比优秀。为了防止这种伤害发生，他们会拼命保护自己，而保护自己的方式就是蓄意地毁掉机会，给自己的失败找借口，把一切归因于外界。

只要是自己头一天嗨得太晚、喝得烂醉，或者没有参加考试，那失败的原因就是外界的，跟自己无关。但是，如果自己认真准备、认真考试却失败了，那就是自己的原因了——也许是不够聪明，也许是不够优秀，反正就是会伤害自己的自尊心。

越是好的学校、公司里的人，这种心理越普遍。可是为了维持这种虚假的良好形象，他们通常会被迫放弃很多机会。他们保护自尊心的欲望太强了，以至于错过了从错误中学习的机会。

我经常会觉得，自尊心太强不是什么好事。在学习面前，每一个人都应该是谦虚的。一个人自尊心强不一定会被人尊重，被人尊重只有一种情况，就是他值得被人尊重。

所以，在犯错的时候请认识到，错误并不会损害一个人的价值，和一个人的能力也没有必然关系，和一个人的人格和品行更没什么关系，错误和失败都会让自己获得成长和进步的契机。

② 设立机制

当一个人犯错时，减少对其错误行为的谴责。在班级、学校、公司等任何集体，都去创造允许失败的文化氛围。除此之外，相信机制和制度的力量，比如在做事之前设置清晰的目标、列清单，在做事之后反思得越细越好，尽量细到不能再细。

因为很多失败是从细节开始的。

这就像一个笑话里面提到的：一个打马掌的没打好一个马掌，结果钉着这个马掌的那匹马跑的时候让士兵摔了一跤，士兵摔了一跤就导致打了一场败仗，打了一场败仗就导致国王失去一个国家。这就是所谓的蝴蝶效应：一只南美洲亚马孙河流域热带雨林中的蝴蝶，偶尔扇动几下翅膀，可以在两周以后引起美国得克萨斯州的一场龙卷风。

所以，不要总觉得细节不重要，复盘的时候，要精确到每件小事。只有做到彻彻底底地反思，人才能不犯错。

③ 以失败为基础进行预演

书里介绍了一种方法，叫作"死前验尸法"。这是一种以失败为基础的验证项目可行性的方法，是一种顶级的快速试错、快速失败，从失败中汲取经验的方法。

也就是在一个项目开始之前告诉所有人，这个项目已经失败，现在，团队的所有人一起来做个思想实验，推演出这个项目失败的原因。在这个过程中，所有人都可以畅所欲言，尽可能让自己找到的理由看起来很合理。这种把失败具象化预演的方式，可以帮他们很好地找到新项目的盲区，让本来被掩盖的问题浮出水面，帮助团队更好地取得成功。

这种方法成本很低，但是可以反思得很彻底。成功的原因多种多样，失败的原因就那么几个，找到它们，然后提前反思。

比如，你挂了科，你可能说自己粗心，可能说自己没努力，但你有没有想过这背后更深层次的原因是什么？可能是某道题你不懂，可能是某节课你没注意听，可能是考试前你熬夜。每一个原因都有更深层次的理由，你要找到它，并深刻剖析它才行。

这是你在大学四年需要养成的特别好的习惯。

利用校外资源

我经常会羡慕现在的大学生，想要什么知识，一部手机就能解决。

我还记得刚开始学英语的时候，我查了好多词典还是不知道 close up 和 close down 的区别。我去英语教研室问英语老师，每个英语老师讲的都不一样。后来我在人人网上认识了一个外教，还记得那是一个下雪天，我在对外经贸大学的图书馆门口"堵"到了他，问了这两个词组的不同。

我至今难以忘记那段经历。

今天,我们再也不需要自己跑到校外了。

一根网线和一部手机,就能把我们的大脑"运送"到几千里之外。新时代的大学生一定要会使用互联网,拥有互联网思维。

这就是我们常说的,搜索力。

虽然搜索不等于解决问题,但搜索能给你带来很多启发和灵感。我自己不太喜欢用百度,百度给出的信息不一定准确。

我比较喜欢用知乎,虽然知乎上这些年很多观点也有点偏颇,动不动就评价谁、骂谁,但总的来说,还是能给你带来一些思考。

我的建议是,无论如何,你一定要学会搜索。比如你需要哪个领域的图书,你直接可以在电商平台搜索,然后购买就行。

如果你需要相关领域的课程,我给你推荐几个适合偷偷学习的 App。

1. B 站(哔哩哔哩)

别以为 B 站是个二次元网站。现在的 B 站,有很多好的课程。

2. 网易公开课

网易公开课是与各个高校合作的平台。

2010 年,网易公开课推出"全球名校视频公开课项目",首批 1200 集课程上线,其中 200 多集配有中文字幕。

我们可以在线免费观看来自哈佛大学、耶鲁大学等世界级名校的公开课。

其中还有可汗学院、TED 的公开课。

3. 得到

利用线上零碎时间进行学习的知识付费平台，也特别适合毕业后学习。

4. 扇贝单词

是一款非常适合学习英语的 App。

5. 飞驰成长

我们开发的 App，陪伴亿万年轻人读书成长。

当你认准了一个老师，除了线上课程，一定要去听他的线下班。

线下班的好处在于情绪和能量的不同，以及线下的社交。不要小看线下和线上的不同，线下的效率的确高于线上，这是不争的事实。

这一章，我们更深入地了解了大学四年的学习目标，希望对你有用。

别在该学习的时候忙于赚钱

从一个故事开始讲吧。

我的一个师妹,高考分数很不错,考进了中国人民大学经济系。人大的经济系——无数学经济的学子梦寐以求的地方,她考上了。

大一那年,她嫌自己穷,又不想找爸妈要钱,于是找到我,让我给她介绍一个能赚钱的活儿。

我说:"你想要什么活儿?"

她说:"能赚钱就行。"

我那个时候正在教育培训行业教英语,我就问她:"你能教四六级吗?我能给你找培训机构,让你去兼职。"

她笑了笑说:"龙哥,我还没考过英语四六级呢!"

我问:"那你能教什么?"

她说:"我能教高中以下的,毕竟我的高考分数在那里摆着,就是没资源。你赶紧帮我想想办法,我特别需要钱。"

我一开始以为她是勤工俭学,后来才知道,她是想买最新款的苹果手机。

当然,我没有对其进行道德评判,靠自己的实力赚钱不丢人。

我找了一家专门做K12教育(学前教育至高中教育)的培训机构,对方看了她的简历,同意她入职,只是把工资压得很低。入职前,我打听到她在高中曾自费出过国,家庭条件应该不差。

没过多久,她入职了。第一个月,她就通过接课、修改讲义赚了3000多元。几个月后,她请我吃饭,饭桌上,她开开心心地告诉我:"这钱可都是我赚来的,不是父母给的,而且因为这半年课上得不错,领导准备给我涨工资。"

我深知备课不易,两个小时的课背后至少需要付出10个小时的努力。我问她:"那你还有时间学习吗?"

她说:"那些不重要。你看我的同学,有多少能像我这样自力更生?"

我继续问:"那以后当个老师,这样的生活是你想要的吗?"

她说:"当然不是,我是学经济的,以后一定会去投行或者做投资,那才是我想要的。"

我说:"那钱赚得差不多就行了,你该辞职就辞职,别恋战。毕竟这不是你想要的,别花太多时间在这上面。"

她点头。

后来，我发现我说的这句话没啥用，因为领导很快给她涨了工资，每小时多了20元，这样下来，一年也能多个好几千元。在金钱的诱惑下，她继续兼职赚钱，一下子就兼职了3年。

每天，她大多数时间在工作，只花费小部分时间在课堂上和图书馆里，慢慢地，输出时间占据了她大部分生活，输入时间寥寥无几。到了大三下学期，她一个月已经能赚到5000多元。

可是，她在最该学习的时间里，选择了把时间全用来赚钱，每天看似忙碌劳累的生活持续了几年，最后却毁了自己。

毕业那年，她的同学都去了中国香港、中国澳门、美国，去了跟经济有关的五百强企业实习，却没有企业要她。

我问她这是为什么。

她说："他们都有一些证书和实习经历，而我没有，我还差点儿挂了科。"

我说："你为什么没有？"

她挠挠头，好像不好意思讲原因，或者想告诉我"这还不够明显吗"。然后，她胆怯地说："现在准备还来得及吗……"

那几年，同学们都在疯狂地学习，使劲儿地"泡"图书馆，能考的证书，拼了命也要考。而她早出晚归，虽然赚了很多钱，却在大学四年连最基本的英语四六级考试都没有参加。

看似努力地生活，却毁掉了大学四年。

毕业后，她没有进入梦寐以求的投行，继续在大学四年一直兼职的地方转了全职，我以为这就是她想要的生活。后来我遇到她几次，她想让我帮她找个其他单位，可是她该考的证书都没考，该修的学科也差点儿挂科，我很难帮上忙。每次见到，她都挺难过，她抱怨自己把路走窄了。

她不敢参加同学聚会，因为她在大学四年本来是最富裕的，现在她的同学动不动就年薪百万地出现在面前，而她只能默默地承受着在该学习时忙于赚钱的后果。后来我经常听到她说："不应该在最应该学习的年龄选择忙于赚钱。"

这话让我很受益，我也经常在课上讲给学生听。

毕竟，如果不考研，大学四年应该是自己吸收知识最密集的时候，而钱，你有接下来一辈子的时间去赚。可是毕业后你学到的知识，决定了你赚钱的起点，决定了你进步的速度，决定了你怎么去看这个世界。

几年前，我写了一篇文章——《以赚钱为目的的兼职，是最愚蠢的投资》，在网上收到了很多反对的声音，有人说："你忘记考虑有一些家庭贫困者连饭都吃不饱的情况，他们需要赚钱，需要兼职。"

我想说的是，第一，如果家里贫穷，学生就更应该好好学习，获得奖学金，拿到助学金，甚至现在有助学贷款（这里提醒你，千万不要碰校园贷），就是为了让你在该学习的年纪里不要以赚钱为目的去做兼职。你明明可以减少欲望或者压制欲望，投资以后，做到延迟满足。

许多贫穷，不是靠你做点苦力就能改变的，你需要通过长期的学习、大量的阅读、长久的思考改变命运。思维改变活路，读书增值账户。毕业后，你可以凭借自己的技能，实现阶层跨越，否则你还是做着发传单、当服务员的苦力活。

第二，大多数人所谓的贫穷，无非是不能买新衣服，不能换新手机。如果只是因为同学买了，你就要攀比，大可不必。每一件新衣服都会贬值，每一款新手机都会过时，而投资知识不会，投资自己更不会，这些只会让自己增值。那你可能要问，难道做兼职不对吗？

你看你又极端了，以赚钱为目的的兼职，不对。

大学四年，尤其是寒暑假，一定要做兼职，而且一定要找实习。实习单位可以不给你钱，但一定要做到两点：第一点是能让你学到东西，第二点是给你发实习证明。

我表弟学影视编剧专业，在寒暑假的时候帮别人发传单，回到家总是很累。我有一次去看他，他告诉我这些，想让我表扬他。

我问他："你告诉我，通过发传单，你能学到什么？这是不是是个人都能发？那你读大学干什么呢？选专业干什么呢？"他被问住了，又怕丢面子，于是嘀咕了一句："可以锻炼我的臂力。"

第二天他辞职了，几天后又去肯德基端盘子，我问他：

"这个又能锻炼你的臂力是吧?"

他很生气地问我:"这个也不能干,那个也不能干,那你告诉我,我应该找什么实习?"

我说:"你学电影,就应该找个剧组,找家电影公司,给人家投简历,甚至找关系也要进去。就一个暑假,关键是你要学习一些学校不教的技能,比如怎么跟人合作、怎么打磨一个好的剧本,了解制片人和观众喜欢什么题材……"

他说:"那他们不给钱怎么办?"

我瞪了他一眼。

后来他还是去了一个剧组实习,仅仅一个暑假的时间,导演竟然让他去片场改剧本,那是剧本创作中最难的一环。因为现场改剧本,最大的问题就是多变,一个演员忽然加进来,一个场景忽然不能用了,他要跟各种人交谈,听各种人的要求和意见。一个暑假下来,他竟然瘦了好几斤。

我以为他回来肯定要骂我,说我摧残他。

暑假结束后,他告诉我:"哥,真是太爽了,你知道吗?我学的这些东西,学校根本就不教。而且我在实习过程中发现自己有很多不懂的地方,后面两年,我一定要往这个方向好好努力。"

通过一次实习,他知道自己要什么,方向更明确了,学到了学校不教的东西。虽然没赚到钱,但前者更重要。接下来几年,带着疑惑,他可以更有方向地学习了。

那为什么要实习证明？因为当你决定出国、找体制内的工作，就知道那张纸是多么重要了。

所以，实习重要吗？太重要了。

无数学生在上学时盼望放假，放假后盼望上学，这种恶性循环全是对目标感到茫然、学习不饱和而产生的。

我记得我大学时的寒暑假，有时候只有20多天，我要么在网上找个实习机会，要么报个班充充电。

别以为青春依旧，有大把的时间可以快活，其实青春很短，转瞬即逝。

寒暑假，才没有大把的时间荒废呢。

那有人要问了：现在不赚钱，看着父母经济压力太大，心疼，怎么办？

其实，父母不指望你一下子赚多少钱，他们只希望你有一技之长，将来能自立。做到今后有更好的出路、更高的起点、更广阔的发展，才是真正地心疼父母。

既然决定上大学了，就代表你选择了一种投资。这四年，你可以更加努力地让自己变得值钱，而不是在最应该学习的年纪里，选择赚钱。

现在拼了命赚钱，以后可能会没钱；现在拼了命输入，以后才有更好的收入。

为什么学习语文很重要？

我们大多数人，都低估了语文在大学四年的重要性。

高中时期，一说到语文，大家的第一反应是高考的分数。很多人对语文的乐趣，被扼杀在摇篮里。但真实的语文，不是这样的。

语文包含的主题很多，为了更简便地阐述这一节内容，我只分为三个板块：阅读、写作、演讲。阅读决定了你的宽度和广度，写作决定了你理解知识和表达的深度，而演讲决定了你的影响力。

阅读的重要性不言而喻，我在"上了大学，应该自主学习哪些技能？"中提到过，也会在下一节中详细展开说说。很多人对写作有误解，认为只有作家、编剧、编辑、记者这些职业需要写作，这是大错特错的。很多工作，脱离了好的文笔，几乎没办法开展。

比如说律师、法官、产品经理，甚至是文书、秘书等很多基础性公务员岗位。

写作技能如此重要，但大多数人没有重视。

除了掌握技巧，写文章的最好方式就是游戏里的那句话：疯狂输出。多写日记、随笔，注册一个公众号，一周更新三次，坚持是最好的良药。

在这里，我主要聊聊演讲，也就是口头表达能力。

演讲包含的软实力有很多，谈判能力、领导能力、会议组织能力、年终总结能力……这些都是未来职场的必备武器。

很多人走入职场或者创业后，才发现这些技能十分重要。当这些技能被需要时，我们才遗憾为什么不早点花时间、用正确的方式去打磨。

大学里竟然没有一门课系统地讲这个。

我的建议是，如果大学里有演讲协会，你一定要努力参与，争取更多上台的机会。同理，如果大学里有演讲比赛，你也要不遗余力地参与。

不要觉得不好意思，哪怕忘词了、讲错了，下次再来就行。

演讲，顾名思义，一边要学会不停地讲，一边要学会表演。所谓表演，就是演自己，不要紧张。

直到今天，我每次在公开场合演讲的时候，还是会感到紧张，只是一般人看不出来，因为我可以在公开场合表演得很冷静了。

接下来我要说的干货很"干","干"得你马上可以拿来用。

演讲最重要的是内容。我的建议是,无论你在哪儿演讲,一定要写逐字稿。第一是防止自己满嘴"跑火车",在这个时代,有时候你说的一两句话会被人断章取义地放到网上被批评,真的是得不偿失;第二是在写逐字稿的过程中,你刚好能打磨自己的每一行字,这也是一种内省的方式,让每一句话变成精华。

我的一个朋友,在参加英语教师面试时,把自己的逐字稿对着墙讲了一百遍,不知他曾经有什么样的惨痛经历,但他就是这样讲了两天两夜,后来上台时无比自然。评委说他是天才,他说:"我只是把它讲了一百遍而已。"

除了努力和坚持,让我再来跟你分享一下演讲的九条规则吧!

- **流利程度**

对于初学者而言,最怕的就是卡壳、结巴以及忘词,所以,无论你讲得如何,首先要流利。

流利代表对自己演讲的自信,代表对内容的熟练,代表你对自己演讲的认同。

对于初学者而言,无论演讲内容如何,一定要流利,至少要在阵势上震慑别人。

在演讲现场,听众往往十分多样,有些是你的支持者,有些是你的反对者，有些保持着中立。我们演讲的目的，就是让中立者站到你的阵营，让反对者对你的态度有所改变。

所以，流利程度应该是最重要的。我们应该对自己的演讲内容极其熟悉，知道在哪里停顿、在哪里停止、在哪里渲染。

如果自己都不相信，那谁的立场你都改变不了。

● 内容

好的内容，能让一个演讲传播得更远。

在这个知识爆炸的世界里，不是每一种知识都有用，也不是每一种知识都适合演讲，与其瞎讲，不如不讲。

我对好演讲的看法是这样的：要么故事足够令人难忘，要么深度足够令人思考。

这个世界根本不缺讲道理的人，缺的是讲故事的人。知名编剧宋方金老师说："故事是每个人的神明，是照亮人的指明灯。"

世界英语演讲比赛冠军夏鹏曾经说过，自己对着墙讲过两千遍。

后来我开始明白，他的意思其实是：改了两千遍，每个亮点之间停顿几秒都需要打磨。好的演讲一定有一个特点：台上一分钟，台下是无数次重复。

写→改→练→模拟，然后重复。

还是那句话，写逐字稿是必须的，把内容打磨至纯熟是对别人的尊重，更是对自己时间的尊重。

● **语言**

请大家思考两个开场白：一是谢谢你们来到这个地方；二是有多少朋友是第一次来这里。

这两个开场白，哪个好？

是的，第二个。

为什么？因为第二个正在和观众互动。

当然，和观众互动一定要记得"假互动"，不要真的等着观众给你回应。因为万一他们不给你回应，你不就尴尬了吗？

所谓"假互动"，叫自问自答。

"大家觉得这道题选什么？有人说选 A，真的吗？"

实际上没有人说选 A，但你要学会自问自答。

另外，同样一句话，换一个方式去表达、去包装，就能更好地传递。

比如，"我非常讨厌 A"和"A 这个人有些奇怪"，后者就更加温和一些。

关于演讲的语言魅力，我的建议是要么幽默，要么励志。

幽默能让现场的气氛变舒服，励志能让现场听众的情绪变饱满，这两种结果，都应该是演讲者期待看到的。

● **眼神交流**

演讲者应该环顾四周，不盯着某处看，照顾到全场观众。我的建议是，当你看到一个人在随时跟你互动、点头、鼓掌，你就把眼神放在他身上，然后慢慢影响别人。等影响到别人时，你再把眼神放在其他人身上。你的心情千万不要被少数不听你演讲的人带跑，这十分重要。

- 手势

演讲时如何使用手势是最令人头疼的，因为每次被注目时，人总觉得自己的手是多余的，不知道放在哪里。其实很简单，当有桌子时，双手轻轻地放在桌子上；若没有桌子，双手垂于腰旁就好。

- 表情

中国有一句古话："伸手不打笑脸人。"当然你不能笑得太猥琐，自信的笑，能给人很强的亲切感。但当你在讲述一些严肃的话题时，一定要收住笑容，并且抑扬顿挫地讲述。此时，手势也能增加许多气势。当你不清楚台下人的状况时，微笑是万能的解药。

- 着装

演讲往往被称为正式的讲话，每次演讲时，我一定会穿着一身比较正式的装束。其实像我这么爱自由的人，很讨厌穿得西装革履，但是，对于陌生人来说，演讲的前三分钟非常重要，能直接决定他对你的判断。

而一身正式的着装，能增加许多仪式感。这些仪式感，能让大家更容易进入你的演讲，尊重你的主题。

- 辅助

许多人在演讲中喜欢用酷炫的PPT、好玩的音频、有趣的视频,我从来不用。因为我深知,一旦演讲离不开这些东西,接下来就会很麻烦。因为你的演讲内容被这些辅助工具牢牢地控制住了。而真正的高手,他们一定知道:当听众对你的辅助工具的兴趣超过了对演讲本身,你也就失去了演讲者的魅力。

● **熟能生巧,刻意练习**

我在大学的时候,把自己关在空无一人的教室,每天对着墙演讲40分钟,坚持了8个月。后来我当老师,把自己的演讲稿对着墙讲够100遍,每次都录音听,确定这是一个名师能讲出来的最高水平,我才敢上台跟学生分享。所有的演讲高手,都在背后演练过无数次。

我的一个朋友是台湾非常知名的演讲家,叫火星爷爷。有一次,他的演讲被排在下午,他讲得十分出彩,但谁也不知道,他早上一个人拜托多媒体师傅打开多媒体设备,自己在空空的礼堂彩排过一遍。所有流利的演讲,都有过刻意的练习,因为只有刻意练习,才能打造出最好的演讲者。

最后我想说,好的演讲,一定是以内容为核心。倘若一个人不读书、不学习,他的内容不可能好。所以,好的输出者,一定是个伟大的阅读者,而伟大的阅读者一定具备以下几个特点。

快。好的阅读者在这个信息量倍增的时代,一定有着超快的阅读速度。至于怎么样让自己的阅读速度变快,大家千万不要学习那种奇怪的"量子阅读",你可以参考一本被名字耽误的书——《如何阅读一本书》。大多数书不用逐字阅读,很快过一遍,就能理解。

准。我们都做过阅读理解题,几乎所有的高手都是先看题,再看文章。先提出问题,再去阅读,在阅读中寻找答案,这样的阅读事半功倍,这才是阅读的高手。

批判性阅读。好的阅读者不是处于被持续灌输的状态,而是和作者交锋的状态。你可能不同意作者的观点,也可能有自己想补充的话,把你的话写在旁边,进行独立思考。这样读到的书,就能成为自己的了。

最后一句话,送给每一个大学生:请你一定保持输出。这个世界,牢牢掌握在输出者的手中。不要把你心里的世界,呈现给那些你不喜欢的人。

所以,大胆地写和说吧。

为什么要阅读原著？

在大学时一定要多读原著。香港中文大学的甘阳教授说过，他在北京大学、中山大学等多所学校讲过学，发现不少中文系学生在读本科、研究生时没有完整地读过一本原著，不少外文系学生竟然还不如理工科学生读得多。他还问过学西班牙语的学生，几乎没有人读过《堂吉诃德》原版书。

美国很多大学的学生在大一、大二就被要求读原著，他们每周的阅读量在 500~800 页，中国大学生的阅读量可能还不到 100 页。为什么建议大家读原著，我会用以下两个小故事告诉你一手知识的重要性。

原著告诉你的更直接

作为"原著党"，我不太喜欢《嫌疑人 X 的献身》的中文版电影。如果你看过东野圭吾的作品，你会发现他的脑洞是越来越大。

东野圭吾这部作品真正的高潮，在于故事的最后，所有的伏笔，都服务于最后的时间错乱和杀了两个人的事实。而整个故事的情感高潮在于石神自以为完美胜利，却在看到靖子自首后号啕大哭，书中是这样说的："靖子如遭冻结的面容眨眼间几近崩溃，两眼睛清泪长流。她走到石神面前，突然伏身跪倒：'对不起，真的对不起，让您为了我们……为我这种女人……'她的背部剧烈晃动。"

可惜的是，当影片演到这里，女主角忽然跪在地上，用浓厚的港台腔甩出那句"为什么"时，全电影院爆发出难忍的笑声。一个发生在大陆的故事，竟然由港台腔来演绎。

的确，憋了两个小时的大招，竟然只是一个哑炮，谁能不难受？

这部电影从总体来看十分用心，也很努力地呈现，只是结尾实在让我有些不理解。结尾处，两个男人在电梯口遇见，石神莫名其妙地问了一句："难吗？"

对方说："难，太难了。"

这句台词有两层意思，分别是"四色问题难吗"和"我给你设的这个局难吗？"

的确，都难。

这个结局很糟糕，而且少了一些冲击力。因为好的作品一定能使观众的情绪得到渲染,它能走进人的灵魂。

让我们看看原著故事是怎么写的:"汤川从石神身后将手放在他双肩上,石神继续嘶吼,草薙觉得他仿佛正在呕出灵魂。"

毫无疑问,如果用石神哭着结尾,电影应该能走心得多。

当然,你也可以有自己的看法,只不过这不是我今天要分享的重点。今天要跟你分享的,是一手知识的重要性。

为什么要通过阅读获取一手知识?

我经常在课上鼓励学生看书,我说:"如果你看完一部电影觉得好看,一定要看看原著,因为原著是一手信息,剧本经修改后变成了二手,而电影拍摄完就成了三手。"而从一手信息到二手信息,总会丢掉一些或者修改一些重要的内容。有些编剧的能力强,很可能把剧本修改得比原著还好,比如宋方金老师在处理《手机》的剧本时,就十分巧妙。

很多内容,往往因为电影的需要、审查的需要而消失了。

而这些内容,往往是一本书的精华。

很多文字,是不能被改编成影视的。

一本书最精华的内容,能体现出真正的人性。

可是我们知道,有些内容,在电影里消失了。

这些知识,更加令人动容,更加走入人心。

所以，想回归一手知识，就要从电影走向原著，这么做只是为了能够对一个事件、一个故事，有更深刻的了解。

我想，这就是读书的意义。

知识是怎么被损耗的？

我们存在的世界里，夹杂着大量信息，很多都是二手知识，甚至是三手、N手知识，这些知识有些是被损耗的，有些甚至是被曲解的。

因为信息一旦被传播，就会面临着衰减和走样，甚至出现变形。

我们小时候玩过一个游戏，五个学生站在台上传话，不准用语言，只能用肢体去表达纸上单词的意思，基本上到第五个同学时，词意已经面目全非了。

当然，如果允许讲话，这个词或许不会被传丢，但如果是句子呢，是段落呢，是篇章？想必准确性就要大打折扣。

我举一个我们都知道的例子，你可能就明白了。我们都听过21天养成一个习惯，可真的是这样吗？

我查阅资料后发现，这种说法实际上来自1960年一个外科整形医生的书。麦斯威尔·莫尔茨医生发现截肢者平均需要21天来习惯失去肢体，于是他说人们平均需要21天来适应生活中的重大变故。

如果我们在 21 天内每天跑步、早读、读书，其实是很难养成真正的习惯的。

后来，在《欧洲社会心理学期刊》上，研究者调查了不同人的习惯，很多参与者显示出了练习与养成习惯的关系，研究者发现养成习惯平均达到最大惯性需要 66 天。

但因为这个实验的个体差距比较大，有些是 18 天，有些是 200 多天，所以结论并不出名，也没有实用性，并没有被人熟知。

后来，日本作家古川武士在他写的一本书《坚持，一种可以养成的习惯》里，通过大量的实验得出，习惯是一种复杂的行为方式。

当我们回归一手信息才知道，越往前找信息，信息越复杂，越难总结，好在也越精准。

我再举个例子，你就全明白了，比如我们常说的中年危机。

但问题来了，真的有中年危机吗？中年危机在科学上存在吗？带着疑问，我们继续寻找一手知识，果然发现了不同：1965 年，一位名不见经传的加拿大心理学家埃利奥特·贾克斯在一份当时不起眼的刊物《国际精神分析杂志》上发表了一篇论文。贾克斯一直在研究莫扎特、拉斐尔、但丁和高更这些著名艺术家的传记，他注意到有不少艺术家在 37 岁左右去世。基于这个简单的事实，再加上一点弗洛伊德理论和几个似是而非的案例作为支撑，他创立了一套全新的理论。"在个人发展的过程中,"贾克斯写道,"存在一些关键的阶段,其中最不为人知而又最关键的一个阶段发生在35岁左右,我把它称为'中年危机'。"

后来中年危机就传播开了。大家看,我们为什么要读书?因为我们要寻求一手知识。大家发现了吗?中年危机在科学上是不存在的。没有人说到了中年,人就一定会完蛋,就一定不能重新开始。中年危机的出处其实不过是很多艺术家在37岁左右去世了。

这就是中年危机的由来。哪里有什么中年危机,只有人到中年时的恐惧和担心。

贴近作者,理解一手信息

这就是要回归原著、静下心来读书的一个很重要的原因:回到书本中,我们能更贴近作者当时的思想,能更理解一手信息。

《跃迁》里有一个段子,说"二战"时将军视察前线,看到一个新兵很紧张,便给了他一块口香糖。

"好点了吗?"将军问。

"好多了。长官,不过这块口香糖为什么没味道?"士兵问。

"因为我嚼过了。"将军说。

这虽然是个段子，但你看看，有多少人在嚼着别人嚼过的口香糖，却全然不知？

聪明的大学生，一定要第一时间对自己学到的知识进行溯源。

当然，如果你只是对这个话题感兴趣，不想浪费时间深入了解，往往拥有二手知识就够了。它只是一个谈资，知道就行，不必深究。

但如果你想成为一个不一样的牛人、某个领域出类拔萃的高手，那么寻求一手知识，是每个人都应该追求的方式和态度。

而书，是追求一手知识的最方便的途径。

除了书，还有以下几种方式推荐给你：

第一种，在微信、抖音搜索行业专家的公众号、抖音号，阅读专家的一手资料；

第二种，通过中国国家图书馆、知网、维普期刊检索一手期刊与论文；

第三种，寻找行业经典教材，做主题阅读；

第四种，在线上或者线下听各个行业大牛的演讲，私下向其请教问题。

希望对你有用。

你应该如何利用互联网平台进行学习？

2015年，应该是知识付费的元年。从那时开始，各种人都开始称自己为"老师"，什么人都开始在网上收钱。

知识该不该付费？我的答案是该。但很多知识，根本不是知识，而是一些人的见解，那全然没有付费的意义。请你一定要小心这个行业。买到好的课，如沐春风，一个月都会很开心；买到烂课，每天都会很自责。

这里我们一起深入了解一下知识付费。

我先讲一个故事。1952年，有一个来自大巴山农村的孩子，他和其他人一样，没有足够的粮食，没有接受足够的教育，可是他特别喜欢读书，于是他偷偷地把家里仅存的几本书拿出来读，读完后，还在沙堆里用木棍抄写书里的佳句。

他忽然发现，自己不仅喜欢读书，还喜欢写东西。

后来他在重庆读完了中学和专科，就再次回到了大山里。

那时学习无用论盛行于整个村庄,弥漫在每个地方,可幸运的是,他没有相信这些东西,他还是在偷偷地学习,认真地读书,积极地写字。有一次他写了一篇文章,向当地的报社投了稿。报纸刊登这篇文章后,万万没想到,他被批评得一塌糊涂。许多人认为他这是小资本主义狂热的前兆。就这样,他发现写文章很危险,尤其在当时的环境下,不太适合表达真实的自我。

后来,他开始转型练字,不停地临摹、不断地努力。后来,他去北京拜访一些人,有个人很喜欢他的字,提出帮他出一套字帖,接着《人民日报》、新华社也介入宣传了。后来,字帖越来越火,加上他写得确实好,10年后,中国几乎人手一本他的字帖。他的版税有时候能到30%,完全致富了。很显然,他的知识变现了。

他叫庞中华。

庞中华应该算是知识变现的前辈,他的故事,其实能给我们很多启示。现在我们一点点来挖。

没有好的内容,就不可能变现

知识变现的首要条件,就是内容好。如果没有好内容和拿得出手的东西,哪怕是仅卖一分钱,也不会有人购买;就算购买了,也会被人说。

所谓好内容有两种表现方式:第一,稀缺的优质内容;第二，节省用户的时间。

庞中华就是这样。首先他的字写得很好，他的字在当时就是稀缺的优质内容。他的字好看，而且很多人认为写好字对自己有很大的用途。其次他的字帖帮助人们节省了寻找模板的时间。

好内容其实就是这样，要么提供新的观点，讲出厉害的故事，对用户的成长有用；要么能够节省用户的时间。

比如，我的朋友是个说书人，开了一门课，叫"每天读本书"。他带着读者，半小时读完一本书，收费4.99元，价格比买一本书便宜得多。他讲出了这本书的精华，降低了大家的时间成本和金钱成本，再加上他表达清楚、观点有趣，这门课必然能成为优质内容。

所谓好内容，必然具备节约用户时间和帮助用户成长的功效。如果没有，这样的内容就不是好内容。

在这个知识变现的时代里，许多人想进入读书会这个领域分一杯羹。可是，当内容不够优质、不能为用户节约时间时，它们必然不会走得太远，或者不会走得太久。

互联网之战，其实就是流量之战

如果仔细读庞中华的故事，你一定会发现一个细节，庞中华三次进北京去拜访一些人，其中有些人相当于现在微博和微信大号、抖音和快手的流量。那时他们的一句话就能让全部的流量和人围着一个人转。

而现在，因为互联网的诞生，传统媒体的影响力下滑，宣传渠道开始变得五花八门，我们再也不用去找其他人，只需要有自己的流量就好。

互联网之战的本质是流量之战，得流量者得天下。没有流量，再好的内容也出不来，别总说什么酒香不怕巷子深。这个时代，再好的酒，放在最深的巷子，不吆喝，也不会有人知道。所以庞中华相当于拥有了一个巨大的流量体，才有了今天。

这个动作，在当今的知识变现体系下十分有用。

你可以拥有自己的流量，也可以依靠别人的流量。

比如得到 App 上的几个大牛人，他们本身没有流量或者流量不多，但是得到的流量大，自然就分配给了他们。

于是这个时代的搭配就变得有意思多了：作者负责创作优质内容，而平台负责提供流量。

可是，如果你此时此刻一无所有呢？如果没有平台给你提供流量呢？你就自己建造一个平台，从别人那里寻找流量，让自己成为一个小平台。比如用一个微信号做私域流量，许多营销号都是这么做起来的。或者你就找个流量靠山，把最好的内容提供给平台筛选，让平台送流量。

但总的来说，好的内容，不愁付费。

知识付费，信息不付费

最后聊的这点也很重要。美国电影圈有个规则：拍电影时，电视上只能出现新闻和天气预报。

美国人认为，新闻和天气是上帝赐给大家的信息，这些东西是没有知识产权的。

在中国也一样，快速的信息没有付费价值。比如你点评一则娱乐新闻，一定不会有人付钱去看，但如果你的标题是这则娱乐新闻背后的营销方式，就把信息变成了知识。

再比如，你讲了一个自己的爱情故事是没有意义的，可是你把背后的道理讲出来，总结成"从爱情到婚姻的几个大坑"，这样它就从信息变成了知识。

再比如你列出一个单纯的书单是没有意义的，但你列出一个专业书单，比如"经济学必读的五本书"，这样的内容，就有意义了。

信息不值钱，但知识是有价的。

能让人成长的是有价的知识，其他的是没有价值的信息。

那么对于你来说，要怎么在这个快速扩张的领域做到既学到知识又不被"割韭菜"呢？

- 认准老师，别管机构

这一条很重要，优秀的老师不管去哪个机构，都是给这个机构加分的。机构可以换首席执行官，可以换投资人，可以换"基因"，但老师才是关键。好的老师有一套严格要求自己的方式，有一套输出的方式。认准一个老师，上他的课就行。平台肯定是参差不齐的。

- 好好听试听课

如果一门课没有试听，你千万不要购买。听完觉得好，你再去下单。

多数虚拟产品，一经卖出，是不退费的。

所以，一定要听试听课。

如果一门课没有试听课，那太好了，帮你避坑了。

- 不要因为焦虑而付费，要因为需要而付费

作为一个文科生，你确定要去听经济学的课吗？那为什么你报名了？是不是因为你看到这么一个课有10多万人在学习，你害怕掉队？很多时候都是这样，你可能并不需要，但那么多人在学习，你的朋友也在学习，坏了，你开始焦虑，于是你开始付费了。但是到头来，你发现自己对其不感兴趣，什么也没学会，真是得不偿失。

总的来说，好的知识一定是付费的，因为老师为你省了时间，助教为你提供了服务，班主任陪你成长，你的技能也因此得到提高。

大学四年，如果你的学校教学基础薄弱，在线的知识付费能帮助你很多。在你的收入和零花钱里，至少应该有20%用于自我提升。少吃一顿饭，就能多走很远的路。

大学四年，用好互联网，你也能成为一流的人才。

考完四六级后该怎么学英语？

这篇文章其实适用于所有考试，当然也适用于考英语四六级。

至于怎么考英语四六级，市面上有太多的攻略，我就不赘述了。

其实考英语四六级很简单，简单到你只要稍微用点心，就能通过。但是呢，每次考完英语四六级，总是几家欢喜几家愁，但无论是兴奋还是沮丧，结果都无法改变。

不要怪别人，要怪就怪你自己没有努力。

世界上没有卖后悔药的，过去的成就往往是过去，过去的失利也只代表历史。在这么多英语四六级解析的浪潮和信息中，我忽然想写一点关于考后你可以做的事情。愿这些东西，对你长期有用。

趁热打铁，药不能断

我们都有过长跑的经历，长跑时最怕的不是慢，而是站。一旦停了，人就总想休息；一旦离开了，人就总想放松。

学英语也是一样，考完试，一定不要停，能坚持早读的还要早起，能坚持读原著的还要持续，能每天练听力的还要继续磨耳朵。

英语这项技能，三天不碰，之前学的就可能忘掉了，再重新拾起来，就更加痛苦了。

想想我们从高中到上大学后的日子，随着岁月蹉跎，英语竟然奇怪地退步了。

所以，务必趁热打铁。尤其是刚刚考过英语四级的同学，需要马不停蹄地准备六级考试。无论这次考得怎么样，你要知道学习是持续的事情，别停。一旦停下来，人就再也不愿意起程了。

坚持一个好习惯不容易，而放弃太简单。

所以，要习惯奔跑，习惯热血生活，习惯每一天在路上。

持续树立短期目标

我们为什么会在考试前的十天半个月学完大学一个学期的知识？为什么会在几天内，几乎背了英语四六级考试需要掌握的所有单词?

原因很简单,因为离目标越接近,目标就越清晰,人就越会全力以赴。时间稀缺,会导致注意力更加集中。

就好比你在长跑,虽然筋疲力尽,但看到终点线,你便会义无反顾地爆发出惊人的潜力。

短期目标对一个人的成功有着巨大的影响,因为目标一旦可以看见,人的奋斗过程就会变得更加实际。所以,永远不要把自己的目标设定为"我要把英语学好"。

这样的目标是不现实的,因为没有细化的目标,那充其量就是口号。

口号只能让人变得热血,但是经过三分钟热血后,人又变回原来的模样。

让我来跟各位分享一些可以在大学四年里设定的短期目标吧。

- **英语四六级口语考试**

从 2016 年开始,英语四六级考试增加了口语考试,并且没有报考限制。换句话说,只要你报考四六级,就能参加口语考试,成绩分为 A、B、C、D 四个等级,形式是机考。我的建议是,一定要参加,因为多一张证书,总比没有强。

在以后找工作的路上,你总会感谢自己多了一张证书,比别人多了一线机会。

通过四级考试的同学们,不要再刷分,要直接考六级。通过六级考试的同学想刷分时可以考,毕竟很多涉及外事的用人单位要求六级成绩在 500 分以上。

- 英语专四、专八考试

除了英语专业考生,原则上其他学生是考不了这两个证书的,建议其他专业的学生不要去蹚浑水了。

- 托业考试

托业即 TOEIC（Test of English for International Communication）,中文译为国际交流英语考试,是针对在国际工作环境中使用英语交流的人们的英语能力测评,由美国教育考试服务中心设计。韩国和日本的教育体系,现在已经开始大面积地使用这种测试来检测学生的英语能力了。

当然,证书也是分开颁发的。如果只通过了听力与阅读,则可获得职业英语水平等级证书（B 类）；若同时通过了听说与阅读考试和口语与写作考试,则会获得职业英语水平等级证书（A 类）。这个证书很有用,据我所知,大学间很多交换项目都需要托业的成绩。各位加油。

- 口译考试

英语口译圈有一个大家都知道的段子：你想要月薪上万,成天睡到自然醒,还不用天天工作怎么办呢？那就去考口译吧。

的确,通过口译考试,以后的日子能舒服很多。现在一场大型的同声传译,价格至少是 3000 元起,一个月接 3 场,收入就破万了。

可是，口译考试的通过难度很大，尤其是上海市的高级口译，一个考场往往只有个位数的人能够通过。

现在有两个考试在国内的认证性很高：一个是CATTI，被称为全国翻译专业资格（水平）考试，按数字分级；另一个是上海外语口译证书考试，按级别分级。两种考试的难度系数都很高，需要长期的准备和奋斗。

● **托福、雅思**

托福、雅思是英语语言能力测试，是"考察母语非英语"的考生在国外学习交流的能力。申请英联邦国家的研究生项目，需要雅思成绩。申请美国的研究项目，需要托福成绩。如果自己有出国的计划，托福和雅思可以报名，好好地准备一下。毕竟，托福、雅思都不像高考一年只有一次，而是一年有很多次机会。只要你准备好，随时都可以去挑战。在你准备这种最专业、最本土的考试时，你会发现，你学到的不仅是一门语言，更是一个全新的价值观和全新的思维模式。

● **全国大学生英语竞赛**

全国大学生英语竞赛是高等学校大学外语教学指导委员会和高等学校大学外语教学研究会组织的全国唯一一个考查大学生英语综合能力的竞赛活动。它听起来高大上，其实很容易获奖，因为它是按照比例来的。有些学校的学生只要通过英语四级，就能拿到一个不错的奖项，但上面写着"全国"两个字。

我经常建议大家多去参加一些比赛，因为你永远不知道有些奖是多么好拿。万一自己拿到了，岂不是好事一件？

总之，设计一些小目标，小到可以看到，这对接下来的英语学习太重要了。

学习一些"没用"的技能

有人说中国英语教育的最大失败，就是教出了那么多考试高手，却很少教出会说英语的学生。

我想是因为我们的考试一直不包括口语，有些地方的高考甚至没有听力。可是和外国人交流时，最重要的就是听力、口语了。

我曾经采访过许多毕业生，问他们大学四年最后悔的事情是什么，排名第一的是没谈过恋爱，排名第二的是没学好英语。

还真是，词汇量不一样的两个人怎么在一起相辅相成啊？好了，开玩笑的。所谓没有学好英语，其实真正想表达的是没学好口语。因为没学好口语，所以无法交流；因为无法交流，所以不能领会对方语言的精华，然后找不到乐趣，就更不愿意学了。

所以，考完试后，也去学习一些"没用"的技能吧。

比如口语，比如口译，比如英美文化，比如英语演讲，比如英语辩论，这些知识，确实不会考，但在生活中非常实用。

练习口语的最好方式无非是跟读和重复，一遍遍地来，一个单词一个单词地模仿。这些看起来很费时间，可是坚持跟读一段时间后，慢慢地会养成习惯，然后爱上这个习惯，受益匪浅。

我推荐大家听用英语播报的官方电台，非常适合长期模仿。除此之外，建议你去追一部美剧或者英剧。美剧，我推荐《广告狂人》；英剧，我推荐《黑镜》。

做一个终身学习者

为什么考完试不让你休息，还写这么一篇文章督促你呢？我们在高三的时候或多或少地听老师说过："坚持这一年，上了大学后，你们就爽了，什么也不用学了。"

事实证明呢？

高考中的无数佼佼者，因为在大学四年的荒废，最终竟然没有找到理想的工作，甚至没有任何一技之长来立足。我们也见过不少三本学校的学生在大学四年里找到了方向，持续努力，变成了创业者、企业家或某个行业的高手。

有人将其归因于运气，真的吗？不是。

只有后者明白，人这一辈子都应该处在学习的状态，学会终身学习，学会持续地努力。

终身学习的概念，是这几年才被提出来的。

的确，活到老，学到老，才能让自己看到更广阔的世界。

这个世界上有很多考试，你参加的不过是你人生中为数不多的一个。

人一辈子要参加的考试是有限的，可是，学习是无止境的。

做一个终身学习者，每天都把自己从舒适区里拖出来，进入学习区。每天学习进步的人，世界对他们来说是动的。

那些"动"着的人，无论年龄多大，他们身上都有一种青春的力量，而这些力量，能够让人看到更广阔的世界。

英语口语比你想象的更重要

之前说过，我们采访过许多人在大学四年最后悔的事，高居榜单前几名的除了没有谈恋爱，就是没有学好英语。没错，你没听错，是英语，而且是英语口语。

因为你无法想象，英语是多么重要。

如果你学英语还是仅限于考试，我想你对英语的误解可就太深了。英语是一门国际语言，学好它，你不仅可以得到更多一手知识，而且有机会打开世界交朋友。最重要的是，这背后隐藏着西方人的思维模式。这种模式，在大学四年能帮你看到更大的世界。

这篇文章全是干货，建议反复阅读。

为什么你就是张不了口说英语？

为什么学了这么多年英语，还是张不了口？为什么看到外国人只能说出"How are you（你怎么样）"？

为什么如果外国人不回答"Fine，thank you，and you（谢谢，我很好，你呢）"，你就无法接下句话？

为什么去了英语角，你只是微笑加点头？

接下来这篇文章，你应该好好地读读，因为这是提升英语口语的纯干货。

这些年，我们陷入了一个学英语的误区，导致大多数学生学了十年的英语，却无法张口说，原因很简单：第一，我们在高考前没有口语考试机制，甚至很多省连听力都省了；第二，我们大多数学习英语的方式，对提升口语没有任何作用。

我曾经去过一所高中，发现每当上英语课，都是老师在黑板上写东西，学生安静地记笔记；自习课上，学生们安静地分析着长难句的语法结构，默诵着单词。我心想，这样的英语学习对提升口语有用才叫怪了。

所以，到底怎么提升自己的英语口语，才能做到熟练地用英语和别人交谈？

我们开门见山，正确的方法只有两个：第一，张口；第二，跟读。

张口就意味着会说错，可是，说错的下一步就是改正，只有不停地改正，才会有更大的提升空间。在许多城市和学校里有很多外国人，你要抓住机会和他们交流。

我曾经遇到一个学生，他看到外国人就像看到外星人一样，上去拍外国人一下竟然开口说："Can you talk（你会说话吗）？"外国人含着眼泪说："Yes（是的）。"

但他已经强过太多不敢张口的学生了。大家之所以不敢张口，是因为害怕犯错。

其实当你和外国人交谈时，你会发现他们也经常犯语法错误，但是只要意思表达清楚，就能够进行下一步交流。可惜的是，大多数中国学生在讲英语之前，总在思考这个语法是否正确，而没有思考怎么表达出这句话。一个外国人曾经告诉我，想要表达出你请我吃饭，你只需要会四个词：you、me、pay、food，而我从你的眼神里就能猜出是你请我还是我请你，渴望的眼神就是你请我，自信的眼神就是我请你。

所以，张口是第一步，别怕犯错，错了再改，改了再错，周而复始，才能提高。

而光张口有用吗？

我有个同学，他每天早上拿着一本英文书，冲到操场上去朗读英文，坚持了一年，自己读错了都不知道，还继续坚持，后来他独创了一门"语言"，全世界除了他，已经没人知道他说的是什么了。所以，一定要学会跟读。

你应该去找一个完美发音的音频，放在手机里，一个词一个词地跟读，一句话一句话地模仿。只有模仿和跟读，才能让一个人的口语偏向标准。

学习英语的正确时间

说到时间，总有人喜欢在后台问英语老师："老师，能不能告诉我快速提高英语口语的方法？"这种同学一般会被英语老师拉黑。

英语老师至少要花10多年学好英语，还不能说完全"解决"，你让他告诉你怎么快速？市面上大多数告诉你能快速提高英语口语能力的机构，都是骗子，因为学英语最重要的就是持之以恒。你今天学了5个小时，明天什么也不学，那么今天这5个小时可能就白学了。所以，掌握正确的学习时间很重要。我来跟你分享几个很重要的时间点吧。

● 早晨

早晨是练习口语最好的时光，尤其是刚刚起床时，脑子清楚，口齿伶俐，再加上还没吃早饭，在半饥饿状态下，脑袋供血充足，跟读半个小时到一个小时的英语，坚持下来，你就会养成一个习惯，之后想不早起都难。早上有多重要呢？小的时候，我的父亲每天早上6点起来给我和姐姐放英语，父亲称之为"灌耳音"，我们被这样的英语吵醒了两年，虽然那时完全没听懂，但后来我们明白了什么是正确的发音。正确的发音像音乐一样，而我们自己也能解释为什么语感比别人好。正确的发音需要你有英语意识，而早晨是培养意识的最好时光。

而且早上起来，往往肚子饿的时候是脑子最清楚的时候。因为一旦吃饱，所有的血液到了胃里，脑子反而容易一片空白。

● 坚持三个月

我曾经让一个同学试过每天早起读一个小时英语，前半个小时复习昨天读过、背过的内容，后半个小时跟读新的课文，每周休息一天，复习前六天的重点内容。三个月过后，他开始拥有一口美式发音，虽然一些词的发音依旧不准确，但至少开口有了飞跃。三个月的威力是巨大的，因为他不仅有了成效，更喜欢上了这种感觉，现在他每天早上都比宿舍的同学早起，找个没人的角落，开始朗读。

当然，旁人必然投以质疑的目光。那又怎么样呢？每个坚持做一件事情的人，都会被周围人嘲笑，嘲笑又能怎么样？总有一天你会让他们笑不出来，毕竟，笑到最后才是笑得最甜的。

● 饭前背单词，晚上背单词

单词毫无疑问是学习英语的重中之重，不要问任何一位老师能不能不背单词就通过考试啊，否则老师只能告诉你重在参与。如果一个人告诉你不背单词就能通过什么考试，而且口语会提高很多，那一定是骗子。如果想让自己三个月有所突破，首先你要保证每天至少背两百个单词，看到这里，你肯定会说："怎么可能？你疯了吗？这么多？"放心，两百个单词，你就算背完，也会忘掉一半，可是你还记得另一半啊。所以，第二天一定要复习。

背单词，其实什么时间都可以，但有科学家统计过，背诵最好的时间应该是半饥饿的状态，还有就是晚上。因为大多数年轻人的状态是早上困、中午困，晚上莫名其妙地有精神了，此时背单词的效果是最好的。

怎么背单词？

先说一个现象。我们有多少同学在背单词时是拿出一张纸，在纸上默默地抄下单词，然后抄好几遍，再记一下意思就结束了？我们有多少同学听时打死都听不懂，但老师把这个词写在黑板上时他惊奇地发现：嗯？是这个词，我背过？

我想许多人都是这样的。

的确，这种背单词的方式，被称为无用的努力。因为这样的方法对提升英语口语没有一点帮助。

在背单词的时候，你一定要记住以下几件事情：跟读、意思、使用。

顺序不能错，先跟读，再背意思，最后使用，自己造句或者背诵例句。当有机会在生活里使用这个单词的时候，想必印象会更加深刻。当你开始背单词才会发现，并不是每个单词都适合用在口语里，口语里的常用单词，往往只是英语四级水平的词汇，高难度的单词，很少用在日常口语中。

换句话说，练好口语需要的词汇，比你想象的要少很多。

那么，哪些词是口语里常用的呢？答案是一定要看美剧、英剧和英文电影。

"看了这么多美剧，剧情是记住了，英语什么的就另说了。"

这是许多同学看完美剧后的感想。为什么会这样呢？因为我们把看美剧和看电影当成了消遣，没有当成提升技能的路径。消遣能提升技能吗？不能。只有刻意学习和练习才能提升技能，所以美剧和电影只看一遍，是远远不够的。

当你选择看一集美剧或者一部电影时，第一遍还是要看剧情，看完之后，一定要看第二遍。看第二遍的时候，你需要不停地按暂停键，把词典放在旁边，然后一个词一个词地查找，把经典语句记在笔记本里，作为早上跟读的材料。当然你还可以看第三遍，然后就可以跟着演员读了。

你肯定会说看三遍多无聊啊。

谁告诉你学英语一定是充满欢乐呢？

最后推荐几部适合练习口语的美剧、英剧，你们有空多多练习吧。

英剧：初级看《唐顿庄园》；中级看《黑镜》；高级看《神探夏洛克》。

美剧：初级看《辛普森一家》；中级看《广告狂人》；高级看《生活大爆炸》。

为什么要读书？

在微博上，经常有人发私信问我一个诡异的问题：有没有一本书，能够解决所有问题？

每次遇到这样的人，我都会被深深地刺激到，就好像一个病入膏肓的人问我："有没有大力丸能根治我所有的病？"

其实有，这本书是《新华字典》。按照白岩松老师的话："《新华字典》里面有各种字，各种字组成不同的词，词组成不同的段落和故事，再组成不同的书。不同的书，才能改变命运。"

其实书不能改变命运，只有书里的知识变成行动，才能改变命运。

接下来，我要好好地跟你分享一下该怎么读书、该读什么书，以及为什么要读书。

为什么要读书？

不知道你是否发现，世界正在惩罚不读书的人。

我曾经说过："读书能让人'富裕'，但不一定能变得有钱。"想要有钱，就要去做生意，去把技能变现，去赚钱。

但为什么这么穷还要读书呢？是因为读书可以让你知道，这个世界上除了有钱的生活姿态，还有更多不一样的选择。《死亡诗社》里说医药、法律、商业、工程都是高贵的理想，并且是维生的必需条件，但是诗、美、浪漫、爱，这些才是我们生存的原因。

这就是读书的意义。

何况，谁告诉你，读书一定不能赚钱呢？

2016年，全世界只有中国开始掀起知识变现的浪潮。

我身边的许多人，长期处在读书无用论的熏陶下，可是，当2016年知识变现初露端倪，课程和内容开始值钱，许多人在一夜之间，因为长期读书、知识储备多，仅仅通过一门课便实现财务自由。

我曾经问过一位做知识付费业务的朋友，他当时是否想过有今天。他笑着跟我讲了个故事："原来我在一家公司做乙方，按销售提成赚钱。我当时读书的时候，老婆总问我，你读书有用吗？还不如多去接几个单子赚钱。可是现在，她再也不这么说了。"

的确，他凭借着自己的知识，在很多平台开课，无数人围观，现在他早已经实现财富自由，真让人羡慕。

可是，几年前，他能想象有今天的生活吗？谁能想象呢？

每个行业的人都需要读书，就连打电竞游戏，一个读过《孙子兵法》的人也比普通玩家的战绩更好。

我们读书时都多多少少听过一句话："又看鸡汤？读历史，你读得懂吗？你读这些有用吗？"

我们总喜欢去强调是否有用，其实潜台词是在说，这东西能不能换成钱。可是，生活中不仅要有用，还要有趣，还要有品，还要有梦。

不能总是问什么事情有没有用。其实活到最后就是会死，那么活着有用吗？

读书无用论害了很多人，它还会害一大批人。在这个时代，越早觉醒，越容易脱离固有阶级。

其实这个世界的变化很快，在不久的将来，我们不仅会被同行的高手替代，还会被机器、人工智能替代，只有终身学习、广泛读书、拥抱可能、不断进步，才能不被淘汰。

这些年，我有每天阅读几个小时的习惯，哪怕当天特别累，心情十分不好。因为只有这几个小时，我才能脱离复杂、世俗的世界，沉浸在书的海洋，听到自己的声音；只有这几个小时，我才充分地感觉到，自己是存在着的。

应该读什么书呢？

我在上大学前，老师上课时常会没收周围同学的书，说那是"闲书"。有一次一位同学被没收的是莫言的《丰乳肥臀》，当时大家都以为他看的是黄书。直到几年后，我看完了这本"黄书"，才知道那时的大家是无知的。

什么是闲书？怎么界定？无从考证。

但那个时候，老师为了让更多人把时间用在高考上，这么做无可厚非。可是现在，你走入大学，走进社会，开始慢慢地明白，没人能够限制你阅读了，可是没人限制，大家反而不读了。

我上大学的时候，身边的一位兄弟在读《罗马帝国衰亡史》，我曾问过他："你读这个干什么？有用吗？"

后来有一次一位来自意大利的华人老师来学校访问，我们一起陪同，他很高兴地跟对方聊到了这段历史，华人老师很喜欢，还给了他一次去意大利访问的机会，而我像个傻子一样，呆呆地听着，然后加了别人的微信，点了几个赞。

那时我想起了一句话：书到用时方恨少。

我们永远无法预测哪本书有用，唯一能做的，就是多准备、广阅读。

我的另一个同学上高中时喜欢读《庄子》，下课就抽时间读，大家总嘲笑他"装子"。后来有一次他找工作时看到老板桌子上放着一本《庄子》，他就侃侃而谈，聊自己的看法，结果跟老板聊高兴了，最后获得了一份工作。

这个故事很励志，说不定接下来有很多人开始读《庄子》。可是，万一你遇到的老板不喜欢庄子，而是喜欢孔子、喜欢老子呢？

在年轻的时候，永远不要找人列什么书单，因为书单这玩意儿，只适合他自己，也别相信谁谁谁给大学生推荐的一百本书这样的文章。那样的文章和书单可以当参考，但不要当"圣经"。

在生活里，你应该广泛阅读，只有广泛阅读，才能找到属于自己的书单。

如果你一定要我推荐，我会这么跟你说：

"读读心理学吧，因为那是人和人的关联；

读读法律吧，因为那是人和制度的关联；

读读经济学吧，因为那是人和财务的关联；

读读哲学吧，因为那是人和自己的关联；

读读文学吧，因为那是人和另一个世界的关联；

读读宗教学吧，因为那是人和生命的关联……"

因为关联，你才可以成为一个更全面的人、更有内涵的人。

应该怎么读书？

我先说两个误区，看你有没有经历过：一是书要一页页地读，从第一页读到最后一页；二是书要从第一页开始读，而且要读完。

我相信你大概都经历过，可是，这么读书正确吗？我想说，如果你读的是小说或者诗篇，这么读是对的。小说就应该读得慢，要欣赏，要细致，要品味，要一页页地读。

可如果你读的是工具书，这么读，就大错特错了。

读工具书之前应该合上书，静静思考一件事：这本书，能给我带来什么？

读书是一个自己跟作者过招的过程，作者对某个内容有着更系统的看法，而你的看法是什么呢？你需要对比，需要思考，需要琢磨，然后有了自己的看法和疑问，再打开书。这样的阅读，事半功倍。

那么接下来，从第一页开始读吗？当然不是。

首先，应该看看封面、序言和目录，然后从你觉得最重要和你最需要的部分开始读。这样带着目的看，效果是最好的，内容也最能走进内心。

接下来，想必你已经在最短的时间里，大致知道这本书在讲什么了。然后，根据自己的方式和需要，选择重要的段落一点点地读，或者有选择性地跳读。这个过程很痛苦，但一定有收获。

现在,我想你知道那些一年读几百本书的人是怎么读书了吧?他们没有一个字一个字地读,也没有一页页地看,而是清楚地知道自己要什么,自然就读得很快了。

很多人在想,读得很快会不会质量不高?我想告诉你的是,读得很慢,才质量不高。我们都有过一本书读三十天的经历,读到后面而忘掉前面的内容,这样读书,本身就是无效的。

好的作品,就应该花一个下午从头到尾不间断地读一大半,比如《活着》,比如《我不是潘金莲》。你可以找个咖啡厅、一个安静的角落,很快地看完,而你也不会觉得自己的注意力不集中。相反,你一天看一点,看了一个月,才是无效的阅读。

最后,读一本书,一定不要超过七天,读时要做笔记。

读书的后续工作

第一遍读完,想必你的书上已经写满了笔记,接下来,你一定要准备第二遍阅读。第二遍阅读往往比第一遍阅读更有用处,这才是真正有效的阅读。

其实,在不同年龄读同一本书,甚至同一篇文章,感受远远不同。

比如我们小时候读鲁迅的文章，只知道去背诵，现在再读鲁迅，我们开始明白：每个时代都有人血馒头，祥林嫂招人烦，阿Q存在于世界的每个角落，孔乙己的悲哀是每个年代的写照，而每个年代，都有自己不认识的闰土和回不去的故乡。

读完一本书后，我建议你写读书笔记，哪怕只有几行字，发在朋友圈或者放在微博里。这样做的原因，是看看你到底吸收了多少知识、能写出多少话，以及对自己的状态有多少改变和帮助。

写读书笔记是一个内化的过程，你可以在写读书笔记的过程里慢慢理解，这本书读懂了多少。

这就是读书的好处，读一两本，你很难看出自己的变化，当书读多了，你开始活学活用，它们开始融入你的血液，精进成行动，书也就起作用了。

爱因斯坦说过："当你把学校给你的所有东西忘记以后，剩下的就是教育。"读书也是一样，当你读完一本书，抛去忘记的，剩下能改变行动的，就是知识的力量。

我想，这就是读书的全部意义。

链接
大学生必读的 50 本书

网上有很多大学生必读的一百本书的推荐,我是不相信有什么必读的,那些吹捧必读书单和吹捧养生秘籍的通常是一类人,但出于标题醒目、简洁考虑,我取了这么一个让我自己都不舒服的标题。

网上很多必读书单,我仔细看了,大多书目内容晦涩难懂,还有很多连社会人都很难读明白,我不知道为什么有这么多书单在如此刁难大学生。与其毁掉他们的阅读兴趣,还不如不推荐。

我的选书逻辑很简单:第一,有趣;第二,看得下去;第三,有用。

这里说的"有用",除了技能上的,就是思想上的沉淀和改变。

《活着》 余华	《红与黑》 司汤达	《了不起的盖茨比》 F.S. 菲茨杰拉德	《刀锋》 毛姆
《命若琴弦》 史铁生	《挪威的森林》 村上春树	《我与地坛》 史铁生	《如何阅读一本书》 莫提默·J.艾德勒
《小王子》 安托万·德·圣埃克苏佩里	《影响力》 罗伯特·西奥迪尼	《高效能人士的七个习惯》 史蒂芬·柯维	《你只是看起来很努力》 李尚龙
《拆掉思维里的墙》 古典	《我们仨》 杨绛	《愿有人陪你颠沛流离》 卢思浩	《自控力》 凯利·麦格尼格尔
《怪诞行为学》 丹·艾瑞里	《自卑与超越》 阿尔弗雷德·阿德勒	《被讨厌的勇气》 岸见一郎、古贺史健	《无价》 威廉·庞德斯通

《定位》 艾·里斯、杰克·特劳特	《一生的旅程》 罗伯特·艾格、乔尔·洛弗尔	《稀缺》 塞德希尔·穆来纳森	《有钱人和你想的不一样》 哈维·艾克
《财务自由之路》 博多·舍费尔	《1984》 乔治·奥威尔	《老人与海》 海明威	《你当像鸟飞往你的山》 塔拉·韦斯特弗
《世界尽头的咖啡馆》 约翰·史崔勒基	《人类简史》 尤瓦尔·赫拉利	《安娜·卡列尼娜》 列夫·托尔斯泰	《乡下人的悲歌》 J.D. 万斯
《后真相时代》 赫克托·麦克唐纳	《我们内心的冲突》 卡伦·霍妮	《活出生命的意义》 维克多·弗兰克尔	《轻断食》 麦克尔·莫斯利
《人体简史》 比尔·布莱森	《斯坦福高效睡眠法》 西野精治	《最好的告别》 阿图·葛文德	《清单革命》 阿图·葛文德

《终身成长》	《成长的边界》	《情绪急救》	《思考，快与慢》
卡罗尔·德韦克	大卫·爱泼斯坦	盖伊·温奇	丹尼尔·卡尼曼
《非暴力沟通》	《瓦尔登湖》	《枪炮、病菌与钢铁》	《当我谈跑步时，我谈些什么》
马歇尔·卢森堡	亨利·戴维·梭罗	贾雷德·戴蒙德	村上春树
《月亮与六便士》	《你要么出众，要么出局》		
毛姆	李尚龙		

大学生必看的 30 部电影

在这里,我也总结了对我的人生影响很大的 30 部电影,一并分享给你。好的故事,是点亮生命的明灯,一部好的电影,让你过了很多年还能记住那背后的笑和泪。

我建议你每周看一部,因为这些电影包含的能量真的是太大了。

《肖申克的救赎》	《楚门的世界》	《三傻大闹宝莱坞》	《当幸福来敲门》
《美丽心灵》	《心灵捕手》	《美丽人生》	《我不是药神》
《寻梦环游记》	《飞屋环游记》	《摔跤吧！爸爸》	《怦然心动》
《死亡诗社》	《少年派的奇幻漂流》	《教父（三部）》	《霸王别姬》
《乱世佳人》	《放牛班的春天》	《阿甘正传》	《辛德勒的名单》

《勇敢的心》 《美国往事》 《喜剧之王》 《天堂电影院》

《百万美元宝贝》 《弱点》 《国王的演讲》 《叫我第一名》

《风雨哈佛路》 《爆裂鼓手》

这是我压箱底的书单和影单。我一直很后悔的是，等到离开大学校园后，才意识到这些作品是多么棒。我后悔没有早点看到，期待你们尽早看到。

向上成长

第二章

在二流大学里成为一流人才

在正式开始这个话题之前,我特别推荐大家看一本非虚构的书,作者是深圳职业技术学院的老师黄灯,这本书是《我的二本学生》。不了解二本学生的同学,可以好好看看这本书,黄灯从 4500 名二本学生里选取了数十名,讲述他们的故事。而黄灯也是个从二本学校通过努力打拼出来的普通人。

大学不是全部的人生

在微信、微博,学生们问得最多的一类问题,通常是这么开头的:我的学校不好/我是一个来自二(三)本学校的学生……我该怎么办?

我不知道怎么回答,因为我不觉得来自一所二流学校的人就应该过着二流的生活。

我见过太多来自二本院校甚至专科院校的小伙伴在职场做得非常好，他们不觉得那一次考试，就决定了终生。

很多一本院校的学生在毕业几年后还标榜自己的本科学历，着实悲哀。我就见过好几个人，毕业10年了还在整天标榜"我是北大×××"，连微信名字都改成了北大×××。毕业10年了，还在标榜之前的一次考试，这期间没有任何可以吹嘘的成绩，实在是挺悲哀的。

你只代表你自己，你毕业的学校再厉害，跟你有啥关系？同理，你毕业的学校再烂，跟你又有啥关系？

我有一次看媒体对《我不是药神》导演文牧野的专访，才知道他高考考了290分，去了一所三本学校。可人家呢？在大学毕业后，依旧找到了自己的赛道。

某天上网，我看到一句话：二流学校，这几个字就像枷锁，把人锁在二流社会和二流人生这么一个怪圈里。

但真的是这样吗？这个圈真的不能解开吗？

还是说回心理学上那个非常著名的实验，当你手上拿了一杯水，接下来你想做什么？

还记得答案吗？答案是，你想干什么，就干什么。你要去做自己喜欢的事情，和那杯水无关。人不能因为手里拥有了一杯水，就放弃了自己真正喜欢的事情。

这杯水很可能还不是纯净水，甚至是苦涩的、被污染的。

而你呢，为了不丢掉这杯水，故步自封，蹑手蹑脚，过着二流的生活。

其实你大可把这杯水丢掉，或者放在一边，接下来，你会发现世界很大，能做的事有很多。轻装上阵，永远比提着大包小包走得远。

谁能因为一杯水，毁掉自己的一生？

你可以读二流大学，但不能过二流人生

我想你看懂我在说什么了，你可以上二流大学，但是，不能过二流生活。

二流学校怎么了？

大学学历只能证明高考的分数，表明高中三年的成绩，那都是过去。而大学，又是一个新的起点，你依旧可以卷土重来，回身再战。

我想你肯定要抱怨，比如学校提供的资源太少，学校老师讲得太差，学校连比赛、考试都不经常组织，举行的讲座请不到什么名人，图书馆里都是老书，反正学校什么都没有，你让我怎么背水一战？

但你忘记了，所有优秀的人都具备一个特点——主动。

他们不会坐以待毙，更不会让这样的环境影响自己，他们有着坚定的信念，相信可以通过努力改变现状，更可以改变自己的生活。

每一个大学生都应该在迷茫的时候阅读这一本书——《斯坦福大学人生设计课》，书里有一个你可能终身受用的思维模型——用设计思维去设计人生。如果不去设计自己的人生，所谓的命运就可能降临到你身上，到头来，你根本招架不住这生命之轻。

我想读到这里，你可能会说："你就是读不到一本学校，吃不到葡萄说葡萄酸吧？"

我本科读的是军校，首先我就读的学校绝对是一本院校，但不是什么好学校，资源一般，管理僵化，还没有女生。四年里，我基本学不到什么东西，生活可以一眼望到头。但好在，我没有坐以待毙。

学校不组织央视的英语演讲比赛，尤其是上电视、需要外出的。学校怕人员外出不方便管理，领导怕担责，认为多一事不如少一事，就干脆不办了。

我记得那是个冬天，北京下了很大的雪，那天中午，我偶然在网上看到全国英语演讲比赛在宣传报名，截止日期是两天后。我打电话给我的英语老师问学校是否组织比赛，她说："这个比赛，我们不组织。你要报，就自己报吧。"

那时军校平时不让请假外出，我就找了一个好朋友帮我报名，需要学生证复印件和100元报名费。我算了一下时间，同城一天就能送到，于是我很快地把材料寄了过去，还在信封里夹了100元。

可惜的是，我当时不知道信封里不让夹钱，还不知道应该寄挂号信。第一次，信就这么寄丢了。

后来接近报名截止日期，信还没到，我打给邮局，那边却迟迟没有回应。

眼看快来不及了，我无奈装病，请了病假去报名。我赶上了初赛报名的最后一天。

后来一路参赛，从初赛、复赛到半决赛，到北京赛区冠军，到全国季军，这一系列比赛彻彻底底地改变了我的命运。

直到今天，我依旧感谢那个下着大雪的中午，还有倔强执着的自己，感谢那个信虽然丢了，但请着病假外出报名的自己。那时倔强的自己，为今后的我，创造了一个世界。

在二流学校，搭建一流人生

我当老师的几年里，见到了许多来自二本、三本学校的学生，有些人的英语四六级成绩比一本学校的学生还高。

后来一问，原因很简单：他们丢掉了手中的杯子，去找了一个桶，然后把桶越装越满。

我分享一个故事。

我们团队的外联——小怡，自学能力超强，我交代给她做的很多事情都是她第一次或者第二次做，她看我做了一次就能迅速学会。

有一段时间，我让她给微信文章排版，她也做得非常好，后来我问她："是不是有老师教你啊？"

她说："没有，我就是自己琢磨，我上大学时就喜欢琢磨。"

其实她毕业于成都的一所二本院校，大学四年，她没少折腾：参加各种实习，蹭各个地方的讲座，甚至找外校同学要别的老师的课表，去外校旁听，还自己创立了社团。

她给自己搭建了一个世界。

你可以抱怨学校不好，但如果你将青春全部放在抱怨和自暴自弃上，那你可就真的只配拥有二流生活了。这些人的经历让我明白一个很有启示的道理：如果学校没有办法给你提供你想要的环境，你为什么不用双手去创造一个呢？

2021年，我们突然发现一个事实：在短视频这个刚刚兴起又充满活力的赛道，先"杀"进来的几乎全是二本、三本的学生。我们当时搭建短视频团队的时候，大家来自二本、三本，甚至专科的学校，以至于人力资源师在年底总结的时候开玩笑说我们是一个平均本科、研究生学历的公司，除了短视频团队学历低，就剩老板高中学历了。

在新的赛道里，为什么二本、三本的学生多？答案很简单：一本院校的学生都在"大厂"，一个萝卜一个坑，他们根本看不上短视频这个赛道，这给了那些二本、三本的学生许多机会。

新的领域没有专家，没有权威，甚至没有规则，谁学得快，谁就在里面赚钱多、地位高。给我们投简历的，每个人都参与过百万级别账号的制作和操盘。他们有什么优势呢？

答案只有一个——自学能力快。

虽然起点低，但是他们终身学习，跨领域的学习能力就是比别人强。

所以，如果你是二本院校出来的学生，我想跟你分享几条见解。

- 自己学校的老师差，为什么不去别的学校蹭课？

很多学校都会开设非常棒的公开课，欢迎各个系的学生去参加，你完全可以跑去听，无非是需要早起，或牺牲了午觉。

还是那句话，感谢互联网，很多公开课在网上有免费版本，哪怕有些收点钱，也不贵，差不多是吃一顿火锅的价格。互联网兴起后，有越来越多的好课，越来越方便地传递到你的面前，你不用占位置，在自习室就可以听。你需要做的，只不过是收集一些这样的信息，关注几个公众号，下载几个 App。

- 宿舍同学都在打游戏，可你为什么非要在这方面合群？

我曾经写过《你以为你在合群，其实你在浪费青春》，在文章里谈过英雄永远是孤独的，只有小喽啰才扎堆，二八定律适用于每一个角落，尤其当你在一个二流学校时。

别人打游戏，别人谈恋爱，别人追韩剧，跟你有什么关系？人要有自己的目标，才不会被别人影响。

寝室是堕落的开端，总待在寝室里，尤其是离床近的地方，再给你一根网线和一个外卖电话，基本上只需要一学期就能废掉。

越是在一般的院校，这种人越是不少，甚至可能到处都是。茫然导致颓废，颓废导致更茫然。要知道，多数室友很难发展成朋友，朋友是陪你共同进步的。这样的人，你要去找。你无法选择室友，但你能选择朋友。志同道合不容易，高山流水需寻觅。

如果你抱怨身边没有志同道合的人，那你就出去找，去各种社团参加活动，去各种比赛结识战友，去各种讲座偶遇知音。你还可以参加一些优质的社团，跟他们一起锻炼、读书打卡，利用一根网线，联结一群优秀的人。

那些不合群的人，千万别觉得自己孤单，不喜欢的环境就"闪"，去找自己喜欢的环境。这四年，你要去体会各种生活，听许多老师的课，读各式各样的书。

你要想宅着，毕业后可以使劲宅，这四年太宝贵，要去拼，去爱，去后悔。

不要说我在宿舍里也能好好学习啊。

别天真了，舒适的宿舍，配台空调，来根网线，放点音乐，你再穿双拖鞋，接下来就只能睡觉了。

- **如果学校不给你设立目标,你就给自己设立目标**

大学生活,最可怕的就是没有目标。没有短期目标,人走着走着,就迷茫了。

许多马拉松运动员从来不认为自己跑了40多公里,他们都认为自己跑了40多个一公里。每一公里,都是一个短期目标。

很多学校,除了期末考试和英语四六级,几乎不给学生设立目标。

后来我也明白了,都到大学了,为什么还让学校给你设立目标呢?人有目标是幸福的。当目标被实现时,或阶段性目标被实现时,是一件令人感到非常幸福的事情。

幸福,源于紧张感的释放。

而追寻目标的紧张感,能让人逐步提升,变成更好的自己。

所以,在每次开学时,你要给自己设立几个目标,比如这个学期要考过英语四级、参加普通话测试、考过计算机二级、考过导游证、期末考试都及格……

在大二的时候,你就要想好考哪个学校的研究生,以及怎么考,每天需要做什么准备?有没有去那个学校转过?有没有人认识那里的老师?有没有提前报辅导班?有没有提前想过考公务员?增加实习经历?从零开始学一门外语?参加一场国家级别的考试或竞赛?

当提前布局、目标明确,自己也就多了许多动力去努力了。其他人在做什么，跟自己有关吗？

其实毕业很久后，你会发现这些证书并没什么大用，不过是你的"敲门砖"，和你的学历一样。可是，在你准备这些考试的路上，因为有短期目标，能力才得以提升。

从学生变成专家，再变成大师，这一个个小目标，还真的挺有用。

人的一生很长，笑到最后的，才是笑得最甜的。

无论你在哪里读书，无论你有多么不满意自己的学校、多么不喜欢自己的专业，只要你一直努力，肯放下那杯水去努力，总有一天，别人会不再问你是哪个学校毕业的，因为你已经强大到有更权威的标签贴在自己身上。这个标签，足够掩盖你不被人看好的学历和高中三年并不得意的结果。

我们都知道要去追求自己喜欢的生活，可是，如果生活夺走了自己想要的，为什么不用自己的双手搭建一个呢？

回到黄灯的那本《我的二本学生》，黄灯说："二本学生作为中国最普通的年轻人，他们的信念、理想、精神状态以及他们的生存、命运、前景，是中国最基本的底色，也是决定中国命运的关键。"

你代表的，不是你自己，而是整个国家的未来。

你可以读二流的学校，但你要立志成为一流的人才。

这个时代需要的是"专才"还是"通才"？

我先给出答案，这个时代需要的是通才。

我曾看过一段话："当你在职场里不知道这个人是学什么专业的时候，说明这个人的跨界能力很强，因为他经常在解决问题时跨越各种专业的边界，这需要很多领域的专业知识才能做到。而这个人就是我们所说的通才。"

这段话来自美国作家大卫·爱泼斯坦的书——《成长的边界》。

这个时代并不需要一个人在某个领域扎得非常深，需要的是这个人有跨领域、跨界的能力。在这个时代，所有跨界跨得特别好的人，都获得了其他人没有办法获得的优势、成果跟成就。

学医的同学应该深有体会。在医学院学习的时候，你会发现其实什么医学技能都要会。但是医疗需要术业有专攻，比方说你是肿瘤学家,你不仅要关注肿瘤现象,更要去关注某一个细分领域的肿瘤。其实医生上大学的时候什么都学过,所以阿图·葛文德,就是我们特别喜欢的那位既是作家,又是医生的人,开玩笑说他们开始把自己称为"左耳外科医生"。

其实这也是大学分科的弊端。大学采用这样的方式,本质上是想让人们深耕于某个领域,但随着人们走入社会,他们发现自己离专业越来越近,同时离通才越来越远。

对我们来说,更需要在大学四年做到以下两条:

第一,什么都应该学。

第二,成为"斜杠青年"。

三脚架最稳,这是谁都知道的事情。如果砍掉一个脚架,只有两个脚架的设备就有些晃动了;如果只剩一个脚架,设备上的机器就岌岌可危了。

我之所以想跟各位聊聊斜杠青年养成记,只是为了让我们更好地站立在这个世界上。

2010 年,我刚开始当老师,遇到了一位老教师,他跟我讲了一段话,让我印象很深:"在安全的职业环境中一定要居安思危,只有居安思危,有了一技之长去寻找另一技之长,这样不停进步,才不会被淘汰。"

因为这位老师的这段话,我变成了现在的"斜杠青年"。只是那个时候,没有斜杠青年这个概念。而现在,身边有很多斜杠青年的影子。到底什么才是斜杠青年?兼具青年导演、编剧、作家的身份,这样的人是吗?

如果是,那么外卖员、专车司机、保姆的组合是吗?或者,流浪歌手、旅行达人、终身学习者的组合是吗?

到底什么是斜杠青年?

我翻了翻资料,找到了有关斜杠青年的一手信息:"斜杠青年"是一个新概念,源于英文"slash",出自《纽约时报》专栏作家麦瑞克·阿尔伯撰写的书——《双重职业》。她说越来越多的年轻人不再满足于"专一职业"的生活方式,而是选择能够拥有多重职业和身份的多元生活,而实现的方式之一就是成为完全的自由职业者,依靠不同的技能获得收入。比如一个人有份朝九晚五的工作,而在工作之余,他会利用才艺优势做一些自己喜欢的事情,并获得额外的收入。

我没有弄明白为什么slash一定要翻译成斜杠青年,难道不能翻译成斜杠中年、斜杠老年吗?但我也弄明白了依靠不同技能获得收入才是结果,也就是说,没有收入,不能叫斜杠。

所以,上面三个例子里,前两个是斜杠青年,而第三个不是,因为那三个所谓的职业都不能获得收入。

成为斜杠青年的三种方式

我建议每位朋友都尝试一下做斜杠青年，试一下用各个不同的技能实现财富生活的可能，原因很简单：我们或多或少有一些工作外的时间被浪费了，如果这些时间被利用好，打磨出第二职业，结果可能十分不同。而在互联网的世界里，第二职业往往比第一职业赚钱。

我分享三种成为斜杠青年的方式。

- 稳定的工作＋兴趣爱好

法医秦明就是这么一个人，他的主业是政府公职人员，他是一名优秀的法医。长期奋斗在一线，见证无数生死后，他忽然想把这些案例写下来，于是他把这些故事记录在纸上，后来有出版社找到他出书，这才有了红遍大江南北的"法医秦明"系列。我曾经写过一篇文章《工作后的生活，可能决定了你一生》，文章里说到聪明的人一定不会被稳定的工作逼疯，而是利用稳定的工作保证温饱，利用下班时间打磨兴趣爱好，让它变成自己的第二职业。

- 左右脑的切换

人的大脑有明确的分工，虽然很复杂，但总的来说，左脑主要负责抽象和理性，右脑主要负责艺术与感性。

由此，我们看到很多可以进行技能搭配的方式。比如和我一起写《回不去的流年》的徐哥，他不仅是个作曲高手，而且是个作词人，他写的词像诗。这么看，他的神奇之处不过是利用了左右脑的搭配。同理，你可以是个数学家，同时苦修绘画；你可以是个作者，同时用休息时间学琴。

有一天晚上签售的时候，我头疼欲裂，因为连续两天都有两场活动、四节课，还要写一篇专栏、打磨一个电影剧本，所以晚上我痛苦地捂着头，没法儿上场。我的助理给我买了止疼药，我看了半天，最终还是没吃。晚上，我找了个最近的健身房狠狠地跑了5公里，大汗淋漓后，头疼莫名其妙地好了。我忽然明白，我是用脑过度，而大脑是可以和身体切换的，这样的放松比单纯睡觉有效多了。

后来，我想起了我的健身教练，他还是一个高中化学老师，我终于明白，其实他是通过大脑和身体的切换来实现斜杠。这样的切换，也是一种成为斜杠青年的方式。

● **成为一个输出者**

我的另一个好朋友——之前提到的中国台湾作家火星爷爷，他是个标准的斜杠青年。他不仅是位畅销书作家，还是TED演讲者，他的视频《向没有借东西》在全球的点击量破千万。他还是一位老师，在台湾教孩子们创意，教他们如何讲出厉害的故事。

我第一次见到火星爷爷的时候感到很诧异，问他怎么能做这么多事情，他笑着说："这不都是输出吗？"

的确,当你有了一定的知识储备,你只需要通过不同的方式表达出来,说出来就是演讲家,写出来就是作者,拍出来就是导演。其实方式不重要,重要的是你有知识。这是核心,其他的只是方式。

为什么我要让你立志成为一位斜杠青年?

我从军校退学后,有无数人问过我一个问题:我也不喜欢体制内的生活,应该怎么做?要跳出来吗?钱锺书的《围城》里说过围城很有趣,里面的人想出来,外面的人想进去。可是钱锺书老先生怎么都没想到,这些"围墙"竟被互联网打通了。

的确,当你不喜欢现在的工作,不用着急打破现状,强硬地进入一个新领域。你可以两者兼顾、两者并行,唯一需要的,只是牺牲一点点休息时间。

当然,如果你喜欢现在的工作,也可以将现有技能进行引申。比如我,就是喜欢讲话,又将讲话的方式变成了电影镜头。

比如石雷鹏老师,本来是教英语四六级的翻译、写作,但他一边教写作,一边琢磨怎么教其他的课,现在他已经成了全能教师,什么都能教,还什么都能教得好。最可怕的是,在我的鼓励下,他还写了本书——《永远不要停下前进的脚步》。

他是怎么做到的?因为他永远保持一颗学习的心。在新的领域里，只要保持终身学习的心态，一个人可以做到永远轻松跨界。

除了衍生技能，你不觉得成为斜杠青年是这个时代最安全的生存方式吗？这个时代的变化超乎我们每个人的想象，世界上唯一不变的就是改变本身。既然如此，两条腿走路，一定比一条腿走得稳，三条腿的三脚架也一定比两条腿的屏风更稳当。多一条腿走路，其实是更稳定的方式。

三个建议

如果决定了要往斜杠青年的方向发展，我想跟你分享三个建议。

第一个建议：选择斜杠时，问问自己是否喜欢，问问市场是否需要。

这么选择，往往会事半功倍。做不喜欢的事情，每分钟都是煎熬。可如果你喜欢打游戏呢，喜欢看韩剧呢？那就把游戏打成竞技水平，把韩剧看成导演角度，把自己的爱好变成谋生的方式。所以，在你决定进入一个行业时，一定要问问自己内心是否喜欢这样的生活状态。除此之外，你还要考虑自己的这项技能是不是市场需要的。如果是，顺着时代的大流，你也能借到力。

最重要的是，每做一件事情，都要全力以赴，到了尽头再更换。不要干两个月就换其他职业，那种才不是斜杠，而是诈和。

第二个建议：成为斜杠青年时，建议你收费。

其实付费并不为赚多少钱，而是看看有多少人是认同你的这项技能的。毕竟，认同你技能的最好方式就是为你的劳动成果付费。

我之前开了一门课——"重塑思维的三十讲"，好多粉丝跟我说："我这么爱你，你竟然要求付费。"

我说："你只是爱免费的文字。"

有人说："不，我爱的就是你，所以你要免费。"

我说："那我还爱王石呢，他怎么没给我一套房子啊？"

谢谢读到这里的同学，好在有你们认为我的文字是值得的，也谢谢你们的支持，愿这部分内容对你们有帮助。

跑题了。

反着说，如果你觉得自己的这项技能足够强了，放到市场去检验一下，如果有人愿意付费，就是最好的证明。

第三个建议：想要成为斜杠时，建议你去混圈子，外行看热闹，内行懂门道。

我经常跟很多同学说，不要在最该学习的年纪里混圈子，因为你以后会有大量的时间混圈子、维持关系。

被圈子接纳，是你进入这个圈子的重要标志。

有则新闻说一位老师在一个小时赚了8万多元，很多路人被这则新闻戳到了,评论说老师赚了多少钱到底应该还是不应该,可是内部圈子里大家的评论只有三个字——为什么?

的确,在互联网时代,最牛的老师,是否值这个价?

圈子里的思考是:我们怎么才能请到这位老师,这个事件给我们的启发是什么?他为什么能赚那么多钱?圈子外只是在想:凭什么?

刚进入一个行业应该怎么办?

最后,我们聊聊刚进入一个行业应该做什么事。

科学家曾经做过一个实验:把一只蜜蜂和一只苍蝇同时放在灯罩里,看谁先飞出来。

答案是苍蝇。因为苍蝇乱飞,总能找到出口,而蜜蜂只会朝着光亮飞。如果光亮对准了出口,它就飞出去了;可如果光亮没有对准出口,它就一辈子出不来。这就是我们每个人在刚进入一个行业应该做的事情:做一只苍蝇,闷头乱撞,总能找到出口。

找到方向后,你就应该从苍蝇变成蜜蜂,一直拼命飞,努力朝着某个方向飞,成为该领域的专家。

我的理解是,在一个行业里一年左右,一个人就可以从苍蝇变成蜜蜂了。但这因人而异,不仅要看人的悟性,还要看一个人的学习能力。

当你经历过好几次从苍蝇变成蜜蜂的时候,你就是一个彻彻底底的通才了。

未来的世界,需要的就是这样的通才,愿你就是这样的少数人。

普通人如何在新领域实现爆发式成长？

刚进入一个领域时，我们往往什么都不知道，像一只无头苍蝇一样，找不到北。

我在前文说过苍蝇和蜜蜂的区别。刚进入一个行业，像没头苍蝇一样很正常，因为你还不知道光在何方。等到第一年的迷茫期过去以后，你找到了光，再从苍蝇变成蜜蜂，朝着光亮飞翔。

如果你想转行，如果你想跨界，如果你想换专业，这篇文章，建议你好好读。因为所有技能的获得，无非就是靠以下五种方式：利用读书获取入门知识，利用间隙时间获得碎片信息，在互联网上寻找公开课和付费课程，找牛人、混圈子得到内部消息，以及持之以恒的训练。

利用读书获取入门知识

刚开始创业时，投资人让我学习一点经济学知识，告诉我不能对商业和经济一无所知，要不然很难从一个知识分子转型成一位创业者。从 2015 年起，我就养成了读经济学书籍的习惯。我买了亚当·斯密的《国富论》，买了 N. 格里高利·曼昆的《经济学原理》，买了马克思的《资本论》。可惜的是，我根本看不下去，有些甚至"啃"得十分痛苦。

于是，我找到一位经济学老师，请他给我列一个书单，他说："要不你先从这些书开始看，《稀缺》《牛奶可乐经济学》《斯坦福极简经济学》《魔鬼经济学》……"

刚看到书单，我立刻问老师："这些不都是畅销书吗？"

老师笑了笑说："畅销书怎么了？畅销书就是每个人都能看懂的理论。你现在什么也不懂，不应该从大众容易接受的知识开始吗？"

这句话给了我很深刻的启发。后来我每进入一个领域，都会最先购买这个领域的畅销书，获得通俗的知识，然后买枯燥的课本去补充和纠正。

有时候也会买错，因为不可能每本书都写得有水平，但一本书的成本也就几十块钱，并不高。

这些书，在很大程度上帮助了一个刚进新领域的小白。

我在学习编剧时，也是一样，先在书店里搜索"编剧"两个字,把市面上的编剧教材都买回来,并迅速读完,这一步就能直接完成扫盲,使我从小兵升级为一级英雄。

利用间隙时间获得碎片信息

其实利用间隙时间,也可以进行学习。

不知道你是否发现,我们的生活中有大量间隙时间:等公交车时、在地铁上时、堵车时、早起收拾时、无聊会议中……可惜这些时间,往往被我们浪费了。

可是,我发现身边有些高手不一样,他们选择利用这些间隙提高自己,而不是消磨自己。

比如他们走路的时候,耳朵上戴着耳机,播放的是下载好的课;比如他们等人时,包里一定会装本书,在间隙翻两页。

这些时间积累起来,半年后,往往能帮助你获得另一专长。

我曾经写过《下班后的生活,决定了人的一生》,不仅是下班后,午休时、等人时、公交车上、睡觉前,都可以积累一些知识,为以后转型做好准备,而且一旦养成习惯,并坚持下来,你会受益匪浅。

在互联网上寻找公开课和付费课程

除了读书,更重要的就是上课。你要知道所有的高手,都有自己的老师,都曾经经历过系统性的训练。

我从军校退学后,一直住在中国人民大学旁边。当时我找人大的朋友要了一张课表,课表上是人大"四大名嘴"的一学期课程。

我每次都偷偷溜进去听他们讲课,还提早占位置。

有时候去晚了,我就站在最后一排听。

这几位老师分别是张鸣、周孝正、徐之明和金正昆。

后来,这四位老师的课程可以在网上找到了,而且是高清版。我时常会抽一个下午,在网上搜索这些老师的课程和讲座,拿一张纸、一支笔,享受一场知识盛宴。

直到今天,我时常会感叹,时代真是越来越好,现在有许多课程,你都不用亲临现场,就可以在网上用很低的价格甚至免费听到。你唯一需要做的,就是去搜索,去收集。

一定要在大学四年学会利用互联网、社群、线上的方式进行学习。

找牛人、混圈子得到内部消息

当你有了系统的知识,就可以从事相关工作了。我的建议是，当你进入一个新领域时，一定要尝试收费，一定要尝试混圈子。

收费代表着客户、外人对你的认可，进入圈子代表内部人士对你的认同。

遇到所谓的爆炸新闻时，你会惊奇地发现，微博上和朋友圈里的留言趋势完全不同。为什么呢？因为微博只是个公众平台，大家都以外行的眼光看热闹，而朋友圈不一样，这里都是内行的人。圈内的人从不看热闹，大家只会分析现象、剖析本质。

我自己有好几个圈子，其中一个圈子就是互联网营销圈。这个圈子的朋友大多运营微信大号，是百万粉丝级别的公众号主理人。每次一件事情被爆时，我就看到群里大家在讨论：这个话题是怎么火起来的？我们怎么把商业和这个现象结合？我们应该如何蹭这个热点……

而微博上呢，大家只是在谴责，说那人道德败坏。当你进入一个新领域时，一定要混圈子，圈子代表着你在这个领域的资深程度，也代表着你看世界的不同角度。

美国商业哲学家吉米·罗恩说过："与你交往最亲密的五个朋友，你的财富、智慧就是他们的平均值。"

这就是著名的密友五次元理论。

因为他们的信息、他们的能力、他们的行动，都会影响你，让你在这个圈子里少走很多弯路。

持之以恒的训练

最后,我还是要励志地说一句话,不要总是抱怨"听了这么多道理,还是过不好这一生",你一定要记得,所有的道理,在不去做的前提下,都只是无用的"鸡汤"。

就好比你听了好多课,但不去做真题,就无法通过考试;你听了很多教练的话,但就是不锻炼,到头来还是个胖子。你听了很多方法,但都不迈出第一步,久而久之,梦想,只是梦和想而已。

行动,永远是最重要的。

怎样用一年时间成为一个牛人

一种喜欢坚持一年会怎么样?

一年能不能彻底地改变一个人?这个问题,很多人问过我,我也问过很多人。

答案是能,而且,一年可以彻彻底底地改变一个人。

某年底,我认识了一个演员,几次工作受挫,她决定闭关苦练英语口语。闭关前,她问我:"如果每天都学英语,坚持三个月能不能学好?"我说不能,时间太短。

她问我半年呢,我有些犹豫地点点头。

她继续问:"如果一年呢?"

我使劲地点点头,然后又摇摇头。

她问:"怎么了?"

我说:"一年的坚持肯定可以让你变成一个英语口语高手,

但许多人在半途放弃了。"

她笑了笑,说:"你太小看我了。"

年末,我再次见到她,她依旧接着一些不痛不痒的戏,演着不温不火的角色。重要的是,她的英语口语能力没有提高,除了几句简单的打招呼,其他还是不会说。

我问她为什么没坚持下来。

她有些不好意思地说:"一年时间太长,中途总有些事情打断了我计划好的坚持。有没有时间短一点的见效方式?"

她认为的捷径,让我想起了自己在健身房跟教练的对话。我问教练:"能不能快点减20斤?"教练说:"我跟你这么分析吧。如果你想一年减20斤,你就需要每天跑3公里;如果你想半年减20斤,你就需要每天跑5公里;如果你想三个月减20斤,你就需要每天跑5公里,然后坚持不吃晚饭;如果你想要一个月减20斤,你一天就只能吃一顿了,而且跑步必须从原来的5公里增加到10公里以上;如果你想要一天减20斤,你就只能做手术了。"

教练还补充了一句话:"做手术的风险很大,往往会有后遗症。所以,除了坚持运动,并没有什么轻松的好方法。"

的确,在时间的推动下,坚持会有惊人的力量,这种力量能潜移默化地改变一个人。

坚持，需要先做减法

一年能不能彻底地改变一个人呢？答案是能，不过你需要的是坚持。

坚持最难的地方，其实是如何学会聪明地放弃一些东西。

如果你坚持锻炼减肥，就要放弃临时的饭局；如果你坚持每天学英语，就要放弃一时爆红的网络偶像剧。

你不可能一边吃着大鱼大肉，一边减肥，更不可能一边沉迷在偶像剧中，一边背着单词。

这些放弃，往往意味着换一种生活状态，并且养成习惯。

习惯一旦养成，坚持就变得容易很多。

到底怎么样才能坚持下来？人为什么会这么容易放弃？是自己的意志力不够强大吗？是自己天生就不适合坚持吗？

的确，我们都在年初满怀激动地写下宏伟壮丽的目标，却在年终无奈地摇摇头，然后责怪自己：坚持太难了。

坚持难吗？难。

为什么有人可以坚持下来呢？

不是他们的意志力有多强，而是他们养成了习惯。

我在年初决定今年至少读 50 本书，在做决定当天就买了 20 本书，放在最显眼的地方，不看就觉得买了好可惜，于是我决定每天用闲暇时间读一读。我把晚上 10 点到睡前的时间挤出来看书、做笔记，那段时间，我一定会关掉手机，安静地阅读。

我先坚持了一周，一周后，好几次想打开电脑或手机跟人聊聊天，或者出门看看电影、吃点大排档，但我都忍住了。又坚持了第二周，十四天后，我养成了习惯。接着，每天如果不在这个时候读书，我就总觉得少了点什么，它成了我生活的一部分。

坚持就是这样，前几天难受，一旦养成了习惯，就变成了下意识，不用总是鼓励自己要坚持，自然就能简单很多。

用一年的时间，去不间断地做一件事情、去磨炼一项技能，提升自己的能力，然后让这项能力带你去更高的平台。

坚持是一种习惯

过去的一年里，我见到了许多有趣的案例：一个朋友每天坚持写作，然后出了一本书；一个朋友每天坚持英语早读，结果托福考了110分；一个朋友坚持健身，年底秀出了八块腹肌。他们并不比我们聪明，他们只是敢在生活中做减法。

那个每天写作的朋友，就算是参加聚会也带着电脑，无趣地写着一些东西；那个考托福的同学，成天蓬头垢面，几乎半年没有买一件新衣服；那个健身的朋友自从做出决定后，就再也没在晚上和我们喝过酒、吃过夜宵。

有人说，这世界的美好都源于坚持，坚持一天容易，坚持一周也不难，难的是坚持一年。

其实，人是有惯性的，坚持一段时间，自然就养成了习惯，剩下的交给时间就好。

那为什么你听了这么多道理，还过不好这一生呢？

因为你只是在听，而那些人是在做，而且已经开始坚持了。

那你要不要从今天起坚持一点什么？写点能看到的小目标，养成好习惯，一年后当你再看到这篇文章，会有什么感触呢？

大学的每次开学，都是崭新的一年。

而你在阅读这篇文章的时候，也可以理解为新的一年的开始。这一年，你可以有无数的机会成为更好的自己，那么，你要不要从今天开始，立志用一年的时间成为一个牛人？

合理使用时间，
让效率翻倍

几年前，我认识了一位"大神"。他的起点不高，从山西的一个小县城考到北京，又拿了全额奖学金去美国学计算机。几年后，他留在硅谷，成了谷歌的一位知名程序员。和他聊天时，有一段对话让我印象很深刻。

我问他："你觉得世界是公平的吗？"

他说："从出身来看，不公平，但从时间来看，对每个人都是公平的。"

他看我感到迷惑，补充了一句："因为，每个人一天都只有 24 个小时。"

后来我发现，失败者失败的原因迥异，但成功者都有一个共性：他们极度珍惜时间，他们的生活井井有条，甚至有些人的一天是以分度过的。

今天，让我来跟各位分享六个关于时间管理的秘诀吧。

高手会利用"鸡肋时间",但不会让碎片时间占据自己

有一次我和一个做自媒体的朋友一起出差,距离值机只有半个小时,我无聊地刷着手机,他却掏出电脑开始写稿。这已经不是我第一次看到他这么做了,我见过他在地铁里写稿、在火车站列提纲、等餐时码字、等人时动笔……他现在已经是一个百万粉丝公众号的主理人。曾经有人问过他用什么时间写稿,他说了四个字——"鸡肋时间"。

在互联网时代里,我们的时间被工作、学习、生活冲击得支离破碎,但我们吃惊地发现了一个事实:会利用时间的高手,都在合理地利用"鸡肋时间"。

我曾经见过一个学生把单词抄在纸条上,走路的时候背,课间的时候读;我还见过一个学生把代码写在手背上,一无聊就拿出一张纸对着那行代码开始改编;我还有个学生,他家离公司非常远,他每次下班都听一门历史课的音频,一边听,一边思考,一年后,他出了自己的第一本书,是一本历史杂文集。

这些人都利用好"鸡肋时间",从而成了出众的人。因为他们深知,这些时间的积累,带来的不是"鸡肋",而是改变命运的阶梯。

请你一定要记得,学会使用"鸡肋时间",但永远不要让这些碎片时间占据自己。不管你是否承认,因为手机的出现,

碎片化信息正在逐渐让我们成为一个笨蛋。请你思考以下几个问题：

你有多久不开小差地看完一本书了？

你有多久不看手机听完一节课了？

你有多久没安静地看完一部电影了？

答案是不是很久？心理学中有一个概念叫"心流"，是人们全身心投入某事的一种心理状态。

如今，我们的心流时间变得越来越短，我们变得越来越无法集中精力做事。不是因为我们越来越笨，而是因为我们时刻被碎片时间控制着，每过几分钟就想看看手机，就想刷刷朋友圈，就想玩玩游戏。

我们忘了，心流状态是可以练习的。长时间只做一件事，会让你成为一个更专注的人。想要更好地训练心流，就一定要控制自己的时间，不被碎片时间左右，这就涉及如何规划自己的时间了。

划分第二天的任务，给生活埋彩蛋

珍惜生命的人一定会规划自己的时间，尤其是当生命走向尽头时。电影《遗愿清单》里，两位身患癌症的病人知道自己要离开世界的消息时，开始在纸上规划起自己的目标。

只有学会规划并且实施，才不会让自己的日子过得漫无目的。

我曾经在我的学生群体中做过一个实验，我问了100位同学是否记得自己在上周的这个时候做了什么，有79位同学回答不记得了，有11位同学记得一些片段，只有10位同学清晰地记得自己上周做过什么。

后来有位同学问我："老师，你记得自己一周前做的事情吗？"我笑着拿出一个本子，打开上周的计划表，说："记得。"

几年前，我养成了一个好的习惯，那就是每天晚上把第二天的事情分为不得不做的、喜欢做的、可做可不做的。我先做不得不做的，接着做自己喜欢做的，最后做可做可不做的。

我这么坚持了一年，时间确实被充分利用了，但忙碌占据了我生活中所有的空间。我都在工作中度过，在焦虑中结束，每天十分疲倦。

后来，我决定不给自己安排得这么满，每周要有三天的晚上打死不安排事情（除了读书），而是去见一个许久没见的人、去吃一顿没吃过的麻辣烫、去看一场不怎么火的电影、去读一本不怎么畅销的书。

我开始给生活埋彩蛋。不要小瞧这些彩蛋，所谓幸福，无非是有人爱、有事做、有所期待。彩蛋，就是每周的期待，而这些期待能提高生活的质量。

所以，在22岁的时候，我开始了严格的时间规划和弹性的彩蛋时间。直到今天，我都无比受益。

总有人问我这个问题:"你不休息吗?"是啊,我真的不休息吗?

最好的休息,不是睡觉,而是左右脑的切换

最好的休息,从来都不是睡觉。

我们都有过睡了十多个小时依旧十分劳累的感觉,这是因为正确的休息是通过切换大脑的方式进行的,而不是长时间地睡觉。

1981年,美国心理生物学家罗杰·斯佩里博士通过著名的割裂脑实验证实了大脑具有不对称性——"左右脑分工理论",荣获1981年诺贝尔生理学或医学奖。正常人的大脑有两个半球,由胼胝体连接,构成一个完整的统一体。大脑两半球在机能上有分工,左半球负责感受并控制右边的身体,右半球负责感受并控制左边的身体。

总的来说,左脑负责理性,右脑负责感性。

开始规划时间的那一年,我上完课就回到家打开电脑进行创作,经过一天重复而劳累的授课活动后,大脑的创作机能被完全激活。当两边大脑都累到完全不行后,我就跑到楼下的操场一圈圈地锻炼。这样的调节方式不仅不会让我觉得累,还让我觉得生活开始变得更加有正能量。

后来我明白,最好的休息无非是学会调节,学会平衡,学会切换左右脑。比如学习累了,可以听听音乐;比如工作累了,可以看看画展。在最年轻的日子里,少睡一会儿真的没什么,跑着的人永远觉得世界是动的,而睡着的人,永远是懒洋洋地面对这个世界。

放弃无用的社交,避免无效的争论

在一次课上,一个学生问我:"老师,当被别人误解时,怎么优雅地怼回去?"我的回答是这样的:"不要解释,不要争吵,虽然我们都是人类,却不是一类人,要学会放弃无用的社交,避免无效的争论。我们在这两件事情上已经浪费了太多的时间。"

我生平很反感和别人吵架,我知道观念不同是因为每个人的出发点不一样。因为观念不同,所以世界才多彩,而说服一个人,需要太多时间,有时还不讨好。

当被别人误解时,聪明的方法是不辩解,默默地做好自己该做的事情。当然,如果误解你的人是你最亲的人,花些时间不让他们感到伤心还是有必要的;如果误解你的是法院,你是一定要解释的。

面对懂你的人,你不必解释太多;面对不懂你的人,解释像掩饰,没必要。

我们都要学会避免无效的争论,毕竟,我们没有责任和义务去花自己宝贵的时间改变别人的想法，替别人操心。

我曾经写过一篇文章——《放弃那些无用的社交》，里面有一个观点：只有等价的交换，才能有等价的友情。在我们变得优秀之前，所有的社交都是无效社交。你加了别人的微信，你对别人来说充其量只是点赞之交，你没有办法把他变成自己的人脉。

毕竟，人脉不是自己认识多少人，而是多少人认识你。

在此之前，让我们先努力用好时间，变成更好的自己吧。

不经反思的人生，不值得一过

有一本书是《奇特的一生》，56年间，主人公柳比歇夫不间断地对自己每日做各项事的时间进行分类统计，并进行分析：每天一小结，每月一大结，年终一总结。他的这种方法，被称为柳比歇夫时间管理法。柳比歇夫曾说人最宝贵的是生命，但是仔细分析一下，在这个生命中，最宝贵的其实可以说是时间。因为生命是由时间构成的，是一小时一小时、一分钟一分钟积累起来的。

苏格拉底说："不经反思的人生，不值得一过。"

总结和反思是人类最重要的心理进步活动。每天晚上躺在床上时，你是否思考过，今天一天，自己哪里安排得不好？哪里计划得周到？在一周、一个月结束后，你是否总结过一段时间的优点与缺点，在以后的时间去调整自己的计划？去更好地利用时间？每天进步一点点，才是成功的开始。

《论语》中，曾子曰："吾日三省吾身，为人谋而不忠乎？与朋友交而不信乎？传不习乎？"这句话翻成白话文是这样："我每天必定通过三件事反省自己，替人谋事有没有不尽心尽力的地方？与朋友交往是不是有不诚信之处？师长传授的知识有没有复习？"这样有反思的生活，每天带来的都是正能量。

独处、平静的努力

人越是长大，越没有独处的时间，但只有独处的时间，才能让人有精力去反思。这世界上所有伟大的事情，都是一个人的时候迸发的灵感。

无论多忙，别忘了留一些时间给自己；无论多兴奋，都要记得给自己一些空间，向内思考自己要什么，去想想自己还有没有什么能做得更好，去问问自己有没有忽略身边人的感受。

最后，我想跟各位分享一句很重要的话：只有耐住寂寞、时刻反思、每天进步，才享受得了繁华。

关于精力分配的几个秘密

在大学里,你有没有突然感到状态很差,一天都不想动,感觉自己和床粘在了一起?

你身边有没有这样的人?每天像打了鸡血一样活跃在各个场合,他们努力学习、积极工作、热血生活,还谈了场恋爱。

而你呢,什么事情都不想做,就想安静地当个美男子,结果走到镜子面前一看自己还不美。

你到底怎么了?

有人感叹是年纪大了,真的吗?

在同一所大学、同一个年级,甚至同一个宿舍,我们总能看到完全不一样的两种人:一种人每天起床早读,努力学习、积极锻炼,而另一种人每天坐在电脑边上,或者躺在床上,蓬头垢面地四脚朝天。

有人感叹自己状态不好，却不知道什么才叫状态好、什么才叫状态差。

我们不能理解同样是每天 24 个小时，为什么有些人做了许多事情，依旧充满着活力，而有些人什么都没做，却十分憔悴。

其实，比时间管理更重要的，是精力管理。

吉姆·洛尔和托尼·施瓦茨所著的《精力管理》一书里有一个观点：人的精力是有限的，但通过有效的精力管理，形成一个如同钟摆的循环，使用、恢复、再使用、再恢复，建立一个有效、不断补充和使用精力的正向循环，我们就能跑得更快更远。

我来跟各位分享几个分配精力的小秘密吧。

精力管理的四要素

我们通常认为，精力是一种生理上的能力，其实精力的概念十分复杂。《精力管理》这本书指出，精力分为四个部分——体力、情感、思想和意志，这四个部分，从低到高，一个影响着一个。

记得一位编剧跟我说中国电影有一段时间的套路就是，只要是坏人，最终都会因为身体不好而死去，而且这些坏人的脾气十分暴躁。他沉默了一会儿，又说："现在好像好人身体不好也会脾气变暴躁,这就是人,好人会做坏事,坏人也会做好事。身体不好的人,脾气很难好,比如我的女朋友每次来'大姨妈'的时候……"

他说的这段话实在是应景,当一个人体力不好时,情感往往不会太正面。

同理,我也遇到过很多刚失恋的孩子——对工作三心二意、对朋友冷言冷语、对家人漠不关心,这是因为情感对思想也有着很深刻的影响。

当然,一个人长期思想低迷,意志自然不会高到哪里去。

意志其实就是感知事务的意义感。

我想起一年前,我的状态十分差,每天上课长达10个小时,让我根本找不到工作的意义。后来领导看出我状态不好,发胖得厉害,给我放了两个月的假,还给我涨了一级工资。可是,我后来回到公司就办理了离职,因为一份没有意义的工作会让人丧失精力。我成了电影导演和畅销书作家后,还偶尔在考虫网教英语四六级,学生在课堂上开玩笑地说:"龙哥是一个被英语四六级听力耽误的青年作家。"

但从那时起,我的精力好了很多。

所以,当我们明白,所谓精力,无非就是由体力、情感、思想和意志四样东西组成,我们也明白了它们会从低到高地互相影响,接下来,就让我们对症下药。

保持精力的方式

● **通过锻炼和睡眠保持体力**

体力是精力的最底层。如果体力有问题,精力永远不可能好。

汉朝的霍去病和三国时期的诸葛亮,都有一身才能和一腔热情,却因为身体不好而无力施展。

提升精力,主要通过充足的睡眠和有规律的锻炼。

我的健身教练每天都像打鸡血似的给我上课,我问他是不是每天都在恋爱,他笑着说了六个字:"少吃,多动,多睡。"

其实,每天7个小时的有效睡眠以及半个小时的午睡,就能令一个人保持住体力优势。

再加上每周3~4次的锻炼,身体很快就会变得结实,精神也能好很多。

睡眠时间不能过长。因为过多的睡眠,只会让自己挫败感十足,精力反而是大打折扣。

● **通过冥想、独处和听音乐提高情感**

每次演讲前,我都会找个没人的角落,闭上眼睛,然后深吸一口气,有时候只需10秒钟,我就能很快地安静下来,想清楚自己要讲的话。

后来我发现,冥想和独处,能让人很快地变得安静和安心。其实这个时代的戾气很重,我们经常看到有人在网上因为一件事情自己不理解或者没有顺从自己的意思就暴怒。当你闭上眼睛开始冥想、独处、反思的时候,很多不愉快的情绪都会消失,换来的是安静和平和。

另一种方式是听音乐。有一句话说:"常听五月天,必成好青年",好的歌曲、快的旋律,能让人心旷神怡、心情舒畅。就算是情歌,也能让你在痛苦中大哭一场。你要知道,哭出来,总比憋着好受太多。

如果感兴趣,大家可以看一本书——《自控力2》。看完这本书,你就知道如何进行系统性的冥想训练了。在读书会里,我们讲过这本书,感兴趣的小伙伴可以找来音频听听。

- **通过思维切换放松大脑**

我在之前的文章中提到过左右脑的切换,其实就是改变精力的分配。左脑和右脑分别负责感性和理性的部分。

恰当的切换,能让精力分配更加高效。

比如,当你做数学题做累了时,可以去看看画展;当你背单词背疲惫了时,可以听听音乐。除此之外,从脑力活动切换到体力活动,从一个人独处切换到与一群人讨论,都是维持精力的较好方式。

- **赋予工作和生活意义**

赚钱能在一定程度上提高人的幸福感,但没有意义的工作和生活，无论赚多少钱，都会让人垂头丧气。

2016年底，"知识IP"这个概念开始爆红，许多所谓大型的知识IP推出了一堆奇怪的课开始赚钱，也有许多人建议我赶紧开课，说："标价标高点，过了这个红利期，就再没有机会赚钱了。"

经过几天的纠结，我和团队商量后，还是决定不蹚这个浑水，原因很简单——那时赚钱不是我们想要的。

那时，我们开始筹备自己的电影《回不去的流年》。在许多人反对，许多人告诉我们现在做电影不赚钱时，我们依旧做了。这部电影的拍摄经历，成了我永久的回忆，也成了我们兄弟几个最好的作品。

当生活和工作被赋予意义，你会想到很多人看到这部电影，被感动，继而有了力量，我们忽然发现即使没钱，即使疲倦，精力也会变得无限。

如何提高自己的精力

最后，让我来分享几个提高精力的方法吧！

- 尽可能地练习专注

我们之前讲过心流概念。这个时代的人，由于被碎片化的信息占据，因此无法长时间地集中精力，慢慢地失去了专注的能力。但这世界上所有的美好，都源于专注，所以我们要尽量在学习时远离手机、读书时远离人群、思考时避免被干扰。心流状态可以被训练，而且所有的专注，在经过长时间的训练后，都会给人带来更好的精力。

● 和有正能量的人在一起

和有正能量的人在一起，人不仅会心情愉快，而且会有更多的可能性。直到今天，我团队的人都有一个特点：不抱怨，不指责，做任何事情尽全力，若成功，就庆祝；若失败，不互相指责。正能量可以感染彼此，同理，负能量也是会传染的。我们很难控制别人的情绪，但我能选择自己的朋友圈，以及控制自己的感情。

● 降低损耗

我们在做不同的事情时，总伴随着能量和精力的损耗。

比如你在刚结束学习去健身房的路上，路上的堵车就会消耗你的精力；比如你在下了课去图书馆时，路上的行程就会损耗你的精力；比如你在不同工作中思维的转换，就是精力损耗。

如果想降低精力损耗，你就要会安排自己的时间，划分自己的任务。

比如你可以把写作和读书任务统一放在夜晚的某两个小时进行，比如你可以找一个离家十分近的健身房，比如你可以花一个下午见不同的人。这样在某种情况下，你减少了精力损耗，保持了心流状态，提升了自己的专注力。

20多岁的孩子，应该是朝气蓬勃的太阳，千万不要"丧"。希望每天，你都能打着鸡血飞奔起来！

第四章 打碎思想，重塑思维

大学时期要避开的思维"四坑"

在这篇文章里,我要跟各位分享的是每一个大学生在互联网时代都会遇到的思维"四坑"。

这篇文章很重要,因为以下四个误区,我们每个人都遇到过。只不过在大学四年,更多的信息会导致更大的混乱以及迷茫,从而让你做出以为正确、实则十分糟糕的决定。

这四个大坑分别是先笃信结果,再反推证据;以偏概全,人云亦云;把一件事情变成另一件事情;现在互联网群众最喜欢的——自己的生活一塌糊涂,却为别人操碎了心。

这篇文章,不仅会帮助你正确看待这四个思维误区,还会帮助你梳理破解的方式。当思维改变、行动变化,生活质量也就逐渐有变化了。

先笃信结果，再反推证据

易中天在某次讲座中被一个男生提问。

男生问易中天："你这样的大师也要刷存在感吗？"

易中天不解，男生继续说："你看你小的时候……你再看你本来学的是美学，现在研究历史……你再看你年纪这么大了还上电视……"

他说了很多。

易中天的回答也很机智："你的逻辑链条是对的，但是逻辑起点错了。"这就是我们很多人在思考时的第一个大坑——先笃信结果，再反推证据。

比如，老太太倒地了，你去扶起她，有人觉得："不是你撞的，你为什么要扶？你还解释呢？你的解释就是掩饰！你不解释了？心虚了吧！"

比如，有人觉得："不是你的错，你为什么要分手？你看你哭了，是不是觉得自己错了？你笑什么啊，是不是觉得自己特别可笑？"

这样的例子有很多，当我们遇到一件事情，自己笃信某种结果时，接下来发生的所有事情都会被我们当成证据，让自己错得更离谱儿。

当你一开始就喜欢某个人，认为他永远不会犯错，他的一句"滚出去"，反而会让你觉得他更有男人味了；如果你一开始就不喜欢他，他的那句话只会让你觉得他更让人讨厌。

正确的做法是什么呢？是你经过调查、取证、推理、分析，然后给出一个清晰的结论，而不是先有结论，再反推证据。

当你拥有了调查推理思维，就很容易做到对事不对人。

在法庭上，首先需要有证据；有时候光有证据还不够，你还要有证据链；有了证据链，还要有人证和物证，才能得出结论。这样的结论才是靠谱儿的，才是有说服力的。所以，我多次说要么证实，要么证伪，要么存疑。

当一件事情发生，最好的做法就是别表态，先调查，查清楚，再表态。此时的态度，就清晰、有力量多了。这也是我们一直说的，永远保持怀疑的态度去独立思考，这对当代大学生而言是最重要的思维模型。

独立思考一直是中国大学生缺乏的，我在覃彪喜老师的《读大学，究竟读什么》里看过一个故事。教师给各国同学出了一道题："有谁思考过世界上其他国家粮食紧缺的问题？"学生们都说不知道，非洲学生不知道什么是"粮食"，欧洲学生不知道什么叫"紧缺"，美国学生不知道什么叫"其他国家"，中国学生不知道什么叫"思考"。

大学的本质是"独立之精神，自由之思想"，但很多同学都忘记了。

以偏概全，人云亦云

2017年2月4日，游客赵健一行人第三次到快活林饭庄就餐。因一碗豆浆上迟了，他与店主曾女士发生冲突，当服务员端上豆浆时，赵健一手将豆浆碗摔在地上，随后称："我没砸，我是手滑。"当曾女士上前理论时，赵健说："赔你就是，有的是钱，赔你二百。"曾女士坚决要求赵健道歉，但赵健继续骂骂咧咧。

随后，曾女士打电话给前夫文某，文某赶来后，双方依然僵持不下。之后，赵健主动报警。警方协调后，竟然在巷子口发生了打人事件，曾女士称文某和几个朋友把人打了，"除两位年轻男子，并没对其他人动手"。

这件事在当时闹得很大，有一个帖子是这么说的：

"我们东北人找一帮人打死他们。

我们河南人把他们的井盖都偷了。

我们上海人一分钱也不捐给丽江。

我们温州人炒高他们房价去！

你们闹去吧，我们新疆人最后把锅都背了。"

……

那个帖子的内容很长，但我并不是要探讨这个案件，而是每次遇到事儿，总会有"地图炮"在网上胡乱攻击。"地图炮"原指游戏里一种地图攻击武器，在游戏里只要开炮了，无一幸免，现在其内涵已经衍生成一种地域式攻击。

每个地方，都有自己的"地域黑"。

为什么会有这么多"地域黑"的人呢？因为人的大脑比较容易接受相对简单的信息，从而直接下结论，而"地域黑"之所以容易下结论，是因为它足够以偏概全。

以偏概全虽然简单，但存在一个问题：过分地定义整体，忽略了个体的多样性。

因为老太太倒地了，所以老太太都不是好东西。可是，这世界上还有可爱的老太太、好学的老太太、知书达理的老太太和德高望重的老太太。

因为被男朋友劈腿了，所以男人都不是好东西。可是，这世界上还有温暖的男人、好学的男人、奋进的男人、帅气的男人（比如我）。

当心门被关闭，当以偏概全模式上升为大脑主线，人们也就自然而然地忽略了生活中美妙的个体。

而以偏概全，也伤害了世界。

可是，往往正是这些个体，改变了世界，改变了每个人的生活。

所以，别乱给别人贴标签，去真正了解一个人，去花时间调查一件事情，这才是你应该做的。

《地球上的星星》里有一句很经典的台词："每个孩子都是独一无二的。"

的确，我们不能因为几个个体，而去质疑整个群体。

所以，正确的想法应该是这样的：人性是复杂的，群体是复杂的，当一件事情发生，你要明白，是个体出了问题，遇到下一个类似的个体，我们依旧要给予其同样的机会，与其进行平等的交流。

只有这样，你才不容易失去生命的精彩。

有一本书《复杂》，作者是梅拉妮·米歇尔。它虽然不好读，但特别适合每一个单纯的小伙伴去了解这个复杂的世界。

把一件事情变成另一件事情

把一件事情变成另一件事情是中国人的做事特点。大家一开始明明在争论一件事情，然后上升到你这个人智力有问题，再聊到你的品德不好，最后是"慰问"你全家……这是网上大多数"喷子"的套路。

这也是许多人在聊天、做事时的方式——把一件事情变成另一件事情。

他们不停地发散自己的思维，却忘了事情本身可以很简单。

《我不是潘金莲》中的李雪莲就是这样，从离婚案到证明自己不是潘金莲，再到上访各级官员，到头来，她早就忘记了自己到底想要干什么。

我们每个人都有过这样的经历，考试没过，我们认为自己能力不行，然后上升到自己智力不行，再变成自己不适合学习，最终变成自己不行……

和男朋友分手，从男朋友是渣男，变成自己不适合谈恋爱，再到世界上的男人都不是好东西……

就事论事是一种本事。世界上发生什么都不可怕，但你要弄清楚事情的核心，把这件事情牢牢地控制在该有的范围内。

不扩大，不引申，不对人，只对事。这种观念，能让你有机会接触更多的思维，学到更广泛的知识，拥有更平和的心境，包容不同的声音，从而让你变得更好。

比如，当你被老师批评了，千万不要引申为"老师不喜欢我，同学也不喜欢我，谁都不喜欢我，我是个垃圾"；当你被女朋友甩了，千万不要乱推导为"我什么也不是，我是个废物，以后我都不会有真爱的"。

就事论事，才能更加客观。

自己的生活一塌糊涂，却为别人操碎了心

最后，聊聊互联网上最奇怪的现象——为别人操碎了心。每次哪个名人出轨、辞职、生孩子、离婚……当事人还没说什么，围观群众就先操起心来了。

你是否想过，我们一群年薪还不到十万的人，正在操着年薪千万的人的心？

还有人特别热心地给他们出谋划策，却忘了自己还生活在水深火热之中。

是啊，我们就是这么一群特别热心的人。

你是否想过，人的时间有限、精力有限，注意力永远是稀缺的，过度关注别人的事情，自然就无力关心自己的事情。

别人的新闻，无论多大，都只是谈资，大不了是警戒。

只有自己的生活，才是核心，是对你而言最重要的一切。

所以，别操别人的心了，想想自己的生活。与其胡乱操心，不如想想今天的功课有没有完成。

我算是半个影视圈的人，与许多明星也很熟悉，但我几乎不知道他们的八卦。因为在大多情况下，我不怎么上网，更不怎么看热搜。许多热搜，等它发酵一会儿再去看，可能会更有观点和收获。

很多观点，并不是别人怎么说，你就要怎么认为，你要有独立的思考模式，才不容易活成大多数人的样子。

比如下一篇文章，你一定会跌破眼镜。

什么才是好学生？

说到这里，肯定有一些人要骂了："你竟然教大学生逃课！"还是请听我讲完。

有一个段子是这么说的。大一：你怎么迟到了？大二：你今天怎么没上课？大三：你上课吗？大四：你怎么上课去了？

这是许多大学生四年的写照，但这背后是有原因的。

咱们先不说现在大学校园有多少老师在混时间、乱讲课，以致误人子弟，咱们就从下面这个故事开始。

我遇到两个学生，他们同一个专业、同一个班，一个学生每节课都上，一个学生每节课都不上。你猜哪个学生的挂科率高？

你一定会猜错，因为，他们的挂科率一样。

是不是觉得很奇怪？连我在内，听到的人都觉得很奇怪，而那个每天坐在课堂上不落下一节课的学生，为什么挂科率跟那个天天逃课的家伙一样高？答案很简单，因为这两个学生，都不算好学生。

因为他们都没有独立思考。

我细细地观察过这个每天都来上课的孩子。虽然他每节课都来，但不过是坐在后排打瞌睡，时不时地拿出手机上上网、点点赞，并没有真正地做笔记，也没有发现问题并解决问题。这样的状态和不在课堂上，又有什么区别呢？

你可能会反对，说这是个例，一定有同学每节课都在认真地做笔记，他们的学习成绩一定很好。

也未必。

大学教师的水平和课堂教学能力参差不齐，不是每节课都应该去上，有些课去上了，反倒是浪费时间。我曾经去过一所学校，看到一位老师的教课状况，他在讲《马克思主义基本原理概论》。有趣的是，他不过是在念书，有时还念错。下面的学生做着自己的事情，而他只是念着书，不抬头。后来我才知道，这位老师要评教授，可惜课时不够，需要拿学生凑课，所以他并没有备课，吃亏的恐怕就是这些学生了。与其听他念书，为何不自己去买一本《资本论》在图书馆读读呢？还能挑着看自己感兴趣的章节。

所以，在大学的课堂上，最聪明的孩子应该知道什么课对自己有用、什么课对自己没用，要清楚地知道自己要什么。选择自己需要的课去听，不需要的，完全可以自学。

那些每节课都不逃的孩子,归根结底是不知道自己需要什么。最后,看似每节课都上了,不过造成了看起来很努力的假象,到头来不过是一场空,控诉着自己这么努力,怎么还没有取得理想的成绩。所以,逃该逃的课,上需要上的课,哪怕这门课不是自己学校开设的。

很早以前,我被中国人民大学的一个朋友拉到了金正昆教授的外交礼仪课堂。金老师讲得好,要提前很长时间进教室占座。后来金老师在课堂上调侃,说:"我这门课没有这么多人选啊,怎么这么多学生?还有站着听的。"后来他一统计,校外的学生占了50%。我的边上就坐着一位校外的学生,他是北京师范大学的,坐了半个小时的公交车过来听。我问他:"你下午没事儿吗?"他说他逃了学校的课过来的。我说:"为啥逃课啊,不怕被点名吗?"他说:"学校那门课对我一点用都没有,我就逃啦。放心,老师点名的时候,同学会帮我答到的。"

他还说:"我费了好大的力气才弄到金老师的课表。"

他说完,笑得很开心,但我一点看不出他是个坏孩子,因为在这个课堂上,他记得很认真,效率很高。可以想象,如果他在那个课堂上墨守成规地听着对自己没用的课,虽然没有点名的风险,可是对他来说是浪费了一下午时间。有这时间,真不如去操场上跑跑步,让自己精神一下。

还有讲座,校方其实花了很多精力和财力才请到一些"大牛"，这样的人来开一场讲座，你记住翘课也要去听。因为某些讲座，听一次，终身受益。

其实每个人清楚地知道什么课该逃、什么课不该逃是一种智慧，因为走进社会之后，选择一直是每个人的难题。

两份工作都不错，我应该选择哪一份？两个姑娘都很好，我应该选择谁？大多数人，总是在纠结与徘徊中选错了，或者明明选对了，却后悔没有选择另一个。这世上哪有两者兼顾的道理？哪有鱼与熊掌兼得的哲学？

选择了就坚持，放弃了就别后悔。

在课堂上，我无数次告诉学生，大学四年最重要的是培养独立发现问题、解决问题的能力，你要知道自己缺什么，要不停地对自己发问，然后朝着目标前进。你要相信，高中的时候是老师带着你走，而上了大学，老师只不过给你指出一条路，告诉你哪边可以走，甚至老师告诉你的路，走到头发现不过是一个丁字路口，向左向右，还是由你自己决定。此时此刻，你是否知道自己何去何从？

每次去一个大学做巡讲签售，我最喜欢那里的图书馆和自习室，久而久之，我发现了一个现象：真正优秀的学生，不会每节课都听，他们会经常私下问老师问题，解答自己的疑惑。大多数时间，他们都在自习。优秀的学生一定是自学的高手。

走入工作岗位更是这样，我遇到过许多找工作的孩子，面试词都是这样的："虽然我什么都不会，但是我可以学。"而自学是每个优秀青年的必备能力。

我自己的工作室就曾招聘了一个姑娘,她真的什么都不会,她不停地告诉我这个不会、那个不会。一开始,大家还有精力教她,后来忙起来,都希望她自学。到了最后,她的活儿直接让我们小伙儿干了。

我问她:"为什么不能自己在家琢磨一下?自己学学,有时候这都是小事,思考一下不就有解决方案了吗?"

她理直气壮地说:"我要自己都能学会,为啥还来你这里实习?"

这句话答得我哑口无言,这是很多大学毕业生的窘境——难的做不了,简单的不愿做。

工作后,没有人会像大学老师那样有义务、无条件地教你做这个、做那个,独立思考的能力、独自发现问题并解决问题的能力,此时就显得格外重要。大学四年,那些每天都期待老师把所有知识讲完、讲到位,每节课都来傻傻地听课,从不独立思考的孩子,就吃亏了。因为,他们惊奇地发现,走入社会后,没有了老师,只剩下自己。

相反,那些总喜欢自己琢磨事情,总是靠自学一步一步走的孩子,毕业后独立的精神就强大了很多。更重要的是,当走入社会这个更大的"大学"后,在没有老师的前提下,他们知道自己要什么,发现自己的问题后,独自一个个地将其解决,这样能力就提升得很快。

中国的教育，把"听话"二字看得很重。很小的时候，老师甚至把"听话的孩子"等同于"好学生"。其实，随着年龄的增长，你会发现"宰相肚里能撑船"和"君子报仇十年不晚"的矛盾，你会发现"兔子不吃窝边草"和"近水楼台先得月"都被人说过。

世界上的观念太多，各有各的理。听话不重要，重要的是，你要有自己的见解，要有自己独立思考的空间。

其实，在长大的路上，你会发现许多观念各有各的道理，但在特定场合，有些也丧失了道理。至于该走哪条路，这完全取决于你自己。

这也是大学课堂无法教给你的能力——发现问题和解决问题的能力、批判思维、分辨对错以及自学自知的能力。

这是本书一直在强调的事情。

当然，如果你逃课去打游戏、刷剧、玩剧本杀，而不是去图书馆学自己想学的知识，我想这篇文章算是白写了。

同理，在你走入社会后，反向思维也会让你非常受益。所谓反向思维，就是当所有人告诉你要做什么时，你是否想过还有不做的可能？当所有人都告诉你不要做什么时，你是否还有做的理由？

生命是多姿多彩的，你要敢于从各个角度去看它。

内向的人应该如何社交？

我曾经是一个内向到不行的大学生，不爱跟人交流，不愿见陌生人。也不知从什么时候开始，我开始逼着自己走出舒适区。现在我依然很内向，但每次跟人交流的时候，他们都会跟我说："尚龙，你真的是擅长社交。"

如果你是内向者，我想告诉你，如果不去改变，你可能会被这个时代的很多人"欺负"和"欺压"。我说的改变，并不是从内到外地改变自己的性格，而是改变自己的行为和技能。

因为这世界真的对内向者不友好，却对那些外向者太友好了。

内向性格没救了吗？

我听过不少人跟我性格内向的朋友说要学会改变自己的性

格,从内向的状态中走出来,变成一个外向的人。

许多人开始逼着自己努力社交,甚至背一些乱七八糟的段子去活跃气氛,还逼自己去各种各样的场合攀谈,拓展人脉。

结果,这些人变得越来越不喜欢自己,讲出的段子越来越诡异,脸上的表情也越来越复杂、难看。逼着自己改变性格真的有用吗?

这个世界之所以精彩,正是因为有不同性格的人。

可是,我们总是过度强调外向性格优于内向性格,为什么呢?因为这个世界的话语权,牢牢地掌握在外向者的手里。

可是,这难道就代表外向一定优于内向吗?内向性格一定要被改掉吗?

内向性格的人就不能社交吗?社交到底重不重要?

我遇到过很多内向的人,他们平时不太喜欢讲话,甚至喝了酒后,依旧不太愿意和人交流,只是静静地发呆。

但是他们有个强大而丰富的内心世界,他们喜欢独处,喜欢阅读,喜欢一个人看一部电影,喜欢一个人购物,喜欢一个人做饭。他们有无数种方式,度过独自一人的时光。

我遇到过很多"大神",也是内向的。他们告诉我,自己之所以内向,是因为内心深处是无比多姿多彩,而这些东西,往往无法跟别人分享,就只能独处了。

其实,科学表明内向者和外向者都是天生的。外向者通过外界获取精神能量,他们通过和别人交流,观察别人的行为,分析别人的话语获取能量、新的观点和对世界的认识。相反，当外向者拥有过多的独处时间，他们反而会内心难受、思考受限。

而内向者不一样，他们通过独处，通过与自己内心进行对话来获取能量。当人开始变多，他们的精力就开始被损耗，甚至每一次聚会和团建，对他们都是折磨。

可是，当他们一个人的时候，或者一对一的时候，对事情的专注，将会让他们更好地发挥出自己的优势。

内向和外向不过是两条通向终点的路，外向者的路上充满着花朵和彩虹，而内向者的路上虽然都是小草和灌木，但也有一种别样的风格。

所以，性格不需要被刻意改变，更没必要改变自己的模样。你需要做的，是改变自己的行为和技能。

比如，你虽然内向，但你可以多说两句话；你虽然社恐，但你可以装作不害怕；你虽然爱独处，但你在很多人面前能做到收放自如。

这些都需要后天训练。

"短板理论"的问题

我们都曾经听过短板理论，一个容器的容量取决于短板的长度。现在这个世界变了，在互联网时代，我们不需要让自己的短板变长，否则成本太高。我们需要和别人合作，用别人的长板来弥补自己的短板，从而用更多的时间打磨自己的长板，让自己的长板足够长。

分享一个我自己的故事。虽然我经常做演讲，但平时很少和别人打交道，更不太喜欢无用的社交，可是每次写完剧本，我都要和不同的制片方打交道，要不然不知道如何谈合作。而对方动不动是五六个人一起，时常让我目不暇接，更不知道从何开始聊起。

一开始我还看了大量商业类型的书，练习了无数种和这些人打招呼、谈判的方式，搞得我焦头烂额。后来，我索性就不跟他们见面了，我委托团队里专门搞制片的同事帮我谈。

瞬间，事情变得简单了许多，我不仅有了更多时间去写字，还避免了许多让我不开心的场合。

我想，这就是内向者应该做的事情——打磨自己的专长，把自己不擅长的交流部分交给别人去做。

当你有了专长，就有了不可替代性，才能被人发现。

让擅长这个领域的人去做擅长的事情，是这个世界高效运转的方式。

我见过很多优秀的作家、画家、导演、设计师本人十分内向，但幸运的是，他们身边一定有一个外向的人，帮助他们把持着社交这一环节，而他们只需要专注于自己喜欢的事情。

内向者的热爱

我对内向者的另一个建议是热爱事情，不用热爱人。

当你把事情做得足够出彩，你不用热爱别人，别人反而会来喜爱你。

据说，爱因斯坦、乔布斯、比尔·盖茨、J. K. 罗琳、爱默生、金庸、韩寒、林书豪、王小波都是典型的内向主义者。

罗永浩曾经说过："你们别看我站在台上能扯那么久，其实我是个很内向的人。参加超过五个人的饭局，我就会全身不舒服，每次饭局（结束）以后回家，我都要一个人狠狠读一天书才能缓过来。我现在站在这里演讲，其实恰恰是因为我发现了自己的一个强项，我擅长演讲，并且喜欢它。我也没想过这个技能能赚什么钱、得到什么名利，我只是喜欢，就认真去练习。记得没去新东方当老师之前，有很多人说：'老罗，你平时一天都不说几句话，你还能上讲台当老师？你别逗了吧！'但我不管，我内向的性格决定了我不会被别人左右，谁说内向的人不能当老师？

"其实我身边有很多同事，是十分内向的，但站在讲台上的一刹那，他们就焕发了激情，心中充满了热爱。

"一下台，马上变成了一个内向的人。

"可是，我们从来不会评论这些人内向，说他们性格不好，我们只会觉得他们很有趣、很有料、很厉害，甚至会说他们很低调。

"总之，我们很喜欢他们。"

为什么呢？

因为他们没有把时间放在社交上，而是把精力放在了自己的专长上。互联网时代其实很难埋没人才，只要是人才，无论多内向，都有熠熠生辉的机会。

那时，无论多内向的人，身边都会有很多喜欢你的人。毕竟，你是光源啊。

放弃无效社交

我曾经说过一句话："要学会放弃无用的社交，在你不够厉害时，应该多学习，用心打磨自己的能力，因为只有等价的交换，才能有等价的友情。"

对于内向者而言，打造人脉，不如打造自己。我在6年前被拉到了一个群里，里面有各种"大神"，各个名字都如雷贯耳。我想了很久，还是没有加他们的微信。因为我忽然发现，自己和他们好像没什么好交流的，难道就是在朋友圈点点赞、评论两句话？

这样的社交有什么意义呢？

几年后，我也开始有了点影响力，他们中有几个人加我为好友，后来成了好朋友，他们跟我开玩笑说："咱们当年还在一个群呢！"

我也谦虚地说："是啊，我当年想加您，但不太敢。"

后来我才明白，当你是内向性格时，就更没必要花大量的时间去拓展人脉了。因为人脉不是你认识谁，而是谁认识你；人脉不是你加了谁的微信，而是谁肯为你的朋友圈点赞。

最后，我特别建议每一个内向的人学会写作和演讲。当你面对一群人的时候，你可能不会说，但当你面对一群人的时候，得有准备好的演讲内容；你可能不愿讲话，但你能在家里写出自己想说的话。

尤其是写作，它是上天对内向者的恩赐。

室友招人讨厌怎么办？

在我不懂事的青春里，写过一篇爆文——《你以为你的合群，其实不过是浪费青春》。那时我还年轻，字里行间充满着暴躁和怨恨，虽有道理，却得罪了不少人。再次落笔时，我看了一遍那时的文字，觉得少了点什么，所以，我想要重新认真地写写这个话题。毕竟，是否应该合群，确实是每个人在大学生活里都会遇到的问题。

你以为你在合群，其实你在浪费青春

从一个故事开始。那是一个下午，课间休息的时候，一个男生满脸土色地跟我说："老师，我不想活啦。"

我很震惊地问他："为什么？"

他说宿舍有四个人，一个人天天打游戏，一个人天天跟女朋友通视频，一个人天天看韩剧、日本电影，他是唯一认真准备考试的人。这三个人不仅不觉得自己有问题，还以一副酸不拉几的表情看着他，说："你装什么装？我们一个二本学校，你整天学习有意思吗？你学得过清华、北大的学生吗？搞得自己好像多牛一样。"

他笑笑，该怎么学还怎么学，可是，每次他想静下来看书的时候，宿舍里都会传来各种各样"fire in the hole"①的声音；晚上准备入睡时，他却不停地听到"亲一口嘛"这样诡异的声音。他开始整晚失眠，却又不得不早起去图书馆占位置。几次和室友沟通无果后，他和其他人越来越无话可说，后来索性不说了，回到宿舍，只睡觉，不说话。

可是，万万没想到，他就这么被孤立了。那三个人不停地以"你不合群"来攻击他，说不合群的话，以后怎么在这个时代混，有人甚至故意藏他的东西，让他找不到。就这么几个来回，他筋疲力尽，开始怀疑自己：我到底要不要合群？

他把这个问题抛给我的时候，我听得入神，忘记回答。因为这种现象，在中国的大学校园里太普遍。这是人们普遍的心态：你进步，我没进步，我就会不爽；你学习，我在玩，你就不合群。

于是我问："那你觉得上大学是为了合群，还是为了努力

---

① 意为小心手雷，是游戏《反恐精英》中扔手雷时的音效。——编者注

变成更好的自己呢?"

他说:"为了成为更好的自己。"

我说:"那不就完了,和别人有关吗?"他若有所思地点点头。

那天晚上,我为他写了一篇文章,并写给他这么一段话:"二八定律"适用于世界的每个角落。这世界一定是少数人拥有多数人的资产,多数人为少数人工作。互联网时代里,甚至可能变成"一九定律",你愿意成为少数人还是多数人?既然无法选择室友,就要选择自己的朋友。如果你在大学四年的朋友只有室友,就说明你没有走出宿舍,没有看到外面的世界,没有交到志同道合的朋友。如果你的室友刚好就是和你志同道合的人,那么太不容易了,记得珍惜。如果不是,也没关系,做少数人就好。这世界的真理,还真的掌握在少数人手里。

不过,既然自己是少数人,注定要被冷眼相待,注定要孤独行走。

可是,这世上,谁又不是孤单一个人呢?

他看完特别开心,说:"老师,我不想自杀了。"

等价交换,才能有等价友情

爱默生曾经说过:"如果有两条路,我选择人少的那条行走。"

其实，在青春岁月里，寂寞是常态。一个人的生活很正常，你真的没有必要在自己变强大前，花大量的时间去疯狂地社交，因为那些热脸贴冷屁股的社交，不过是无用的社交。

人脉不是你认识谁，而是谁认识你。

我们都纠结过今天晚上是跟一群人唱歌还是一个人在家看书。不去，总觉得那个场子里有一些很牛的师兄与师姐，留下他们的微信会不会有用？去了，发现狂欢其实是一群人的寂寞。

可是，你思考过一个问题吗？就算你留了他们的微信，又能怎么样？不过是点赞之交，你进入不了他们的世界，他们也不愿走进你的人生，没有交换，就没有交集。

只有等价的交换，才能有等价的友情。

有人又开始说了："那这个世界也太残酷了吧，一点感情都不讲吗？都是交换才能有感情吗？"

你别说，这个世界还真的是这么残酷。只是交换的不一定是钱，可能是你的专长、你的能力。

所以，想要获得等价的交换，要先让自己变强，拿出真才实学去交换。要不然，光留下对方的微信，除了看看对方朋友圈，真的很难走进对方的心。

什么是有意义的合群?

又有人问:"那我是不是就不该社交,不该合群?"你看,你又走极端了。

社交是人与人之间升华感情的重要方式。从原始时代开始,因为合群,我们才懂得如何用火,我们才能制定战术打败比我们牙齿锋利的猛兽;因为合群,我们才活到了今天,才能和其他动物区分开。

可是,今天的时代又与以前不一样,因为我们的生活中有太多群体了。所以,不是每个群都要合,毕竟不停地讨好别人是一件很痛苦的事情。

你明明是一个篮球高手,却被分到了足球队;你明明巨高无比,却被要求低头跑步,跑得慢,低头累,还告诫自己要合群,不要鹤立鸡群,这不是作死吗?

合群没错,但要合自己该合的群,合属于自己的群。

读军校的时候,虽然我和许多人穿着同样的军装,剃着一样的发型,却发现格格不入。直到今天,和当年的同学聚会时,他们都会开玩笑地说:"龙哥,你当年那个不合群的劲儿啊,我们都受不了!"

我挠挠头,有些不好意思,心想我真的那么不合群吗?

可今天,我们公司的任何活动,我都会第一时间赶过去,能帮上忙的就毫无保留,能付出全部就不留余力,我从心里爱着这个创业公司,爱着每一个合作伙伴。我时常在半夜三更请朋友吃夜宵,隔三岔五地和大家聚着喝酒。为什么我现在合群了?

因为现在一起创业的人,都是跟我志同道合的人,这是我自己喜欢的群体,所以,该合群。

人生最美好的事情,无非是和一群志同道合的人,用尽自己的全力,共同做成一件事情。这种合群,才是有意义的。

一群人的狂欢,不如一个人的独处

可是,找一群志同道合的人容易吗?别说找一群了,找一个都很难。

《秘密》里面有一个很有趣的法则,叫吸引力法则,即你是什么人就会吸引什么人。你是一个正能量的人,身边就会吸引一群热血青年;你是一个负能量的人,就会吸引一群"祥林嫂"。

可是,这个法则不是百分之百适用,因为有时候你就是很难吸引一个和你一样或与你相似的人。有些人终其一生,都孤单地行走在路上。

可是,孤独是常态。我们曾经以为越长大越孤单,后来发现世界原本是座孤儿院。大多数路,是一个人走,偶尔有人陪你走两步就匆匆地说了再见,剩下的路,还是你一个人走。

好在，孤独是最好的升值期，那些一个人的时光，能让你成为更好的自己。

不要总觉得自己很孤单，用好这些一个人的时光，自己总会在不远的未来发光。这些光芒，会吸引和你一样的人，这些孤单，只是为了让以后不那么孤独。

当你变得更好后，会有更多人来找你，你会成为太阳，会有更多星球围着你转。

说了这么多，我无非想说："不合群就不合群，一个人吃饭没什么，一个人入眠也能很幸福，一个人去自习室也应该对着天空微笑，一个人流泪也很酷，这些都是让自己变得更好的必经之路。"

室友和你不是一条船上的，不是就不是，那就找自己的"船员"，建自己的"泰坦尼克号"。

看不惯他们的作为，就别看了。可是，一定要记得，再怎么看不惯，也不要对室友下手。交流是化解矛盾的最好武器。

别动不动就动手，这年头让人看不惯的事情多了。看不惯，要想得通，心里骂，也要脸上微笑。

无论如何，在最年轻的时候，你要学会独处。那些有成就的人，无论表面看起来多么合群，内心都有一片属于自己的世界；无论表面看起来多么阿谀，内心都有属于自己的价值观。

愿你在一个人行走的时候，不那么孤单。

愿下自习后路灯能照亮你的影子，显得格外高大。

愿图书馆里能有书香陪伴着你。

愿你早日找到自己的群体。

在这一章的最后，我会告诉你怎么去交朋友。

如何与家长平等交流？

这篇文章，我写了整整一个晚上，因为我很清楚地知道，这篇文章对很多人都有用。

我用了很多案例和理论，仅仅是为了让你读得容易一些。

无论你是大学生还是家长，我都建议你阅读一下这篇文章。

这个年代的我们和 20 世纪的家长，从底层的价值观来说是不一样的。

20 世纪的家长，经历了上山下乡、三年困难时期、饥荒，在他们眼中，吃饱肚子比什么都重要。

但在我们这一代人的眼中，几乎没有饥饿问题，大家追求的只有一样东西——幸福。

这就是为什么家长特别喜欢问："你做这件事情有用吗？"而我们特别喜欢回答："可是我喜欢啊。"

有一本畅销书，是《男人来自火星，女人来自金星》。我想，父母和孩子，何尝不是这样？父母来自火星，而子女来自金星。

学会沟通、理解、妥协，是我们这一代人共同的课题。

大学生应该怎么和父母交流？这篇文章会给你答案，一定要多读两遍。

你要释放明显信号，告诉他们你长大了

我在签售时被一个高中生问了一个问题："老师，我和父母有矛盾，应该怎么办？"

我问她："什么矛盾？"

她说："他们不让我用手机，说会影响我学习。"我愣在台上，很快，我明白了点什么。

科技能给我们带来方便，但也能使一个人的思维产生退化。读高中时，父母也不让我用手机，因为那时的手机大多数还不太方便上网，但可以无休止地打电话，和女朋友聊天。

所以，老师在家长会上多次强调：不准用手机，拒绝早恋。

后来，老师也不让高中生用手机，理由变了：拒绝打网络游戏。

可是，手机只能用来谈恋爱和打游戏吗？

我生活在北京，每次出门的时候，只要拿上一部手机，就什么都解决了。甚至不用带钱，只要有手机，什么都可以做。

我现在时常拿手机听课、看书、看电影，不得不说，手机给我们带来了很多方便又准确的知识。科技至少让我变得越来越好。

为什么父母和老师不让高中生用手机呢？因为父母非常清楚地知道，你还是个孩子。

因为你是个孩子，你无法控制自己，你无法做到自律，你没有能力为自己所做的事情负责，所以我们只能管理你了，我们只能以偏概全了。那天，我跟那个孩子这么说："你知道什么是自由吗？自由的另一面叫自律，自律就是为自己负责。当你告诉父母你长大了，并且暗示他们，你能为自己的行为负责时，他们自然就放手了。"

我从军校退学前，父亲很担心，一个劲儿地给我打电话，他问的问题都很简单："你退学后，还能做点什么？"

后来，我给父亲写了一封很长的信，信上写着我以后可能会做的事情。虽然现在看来，那些事情一件都没做到，但那时的信明确地传达了一个信息：爸妈，我长大了，放手吧。

在父母的眼中，你永远是孩子，但他们很清楚地知道，他们是会老的，他们也会放手，只是他们和你一样，不知道什么时候放手。他们怕你选错了，怕你受伤害，怕你无法承担你犯的错误，所以，他们帮你选了。

在成长的路上，你一定会有一件或者多件标志性的事情告诉他们：我长大了，我能为自己负责了。

经济独立是一切独立的基础

那么,长大的标准是经济独立。

一个学生曾经跟我抱怨过一件事:"我特别想出去玩儿,爸妈不给我钱,我该怎么办?"当时听到这个问题,我差点儿没被吓到,我说:"那你是想让我当你爸妈,还是想让我给你钱啊?"

她不好意思地摸摸头,然后说:"好像真是,没钱好惨啊!"我经常建议一些同学在大学四年里,别总是在脑子里植入一些幻想,比如你一定会嫁给某个明星,你一定会成为灰姑娘。你应该多植入梦想,把梦想变成行动。

你应该多想想自己以后能干什么、以后想干什么、以后的生活是什么样的、如何靠自己得到。

你甚至应该多想想,自己什么时候才能实现财富自由。因为只有实现财富自由,你才有更大的话语权,决定自己的去处和未来。只要方法得当、能力够强、一直进步,你早晚会实现财富自由,接着,父母一定会放手。毕竟,哪位父母不愿意孩子成为自己的保护伞呢?

用父母认同的方式说服父母

你会怎么跟父母解释现在当红的"小鲜肉"呢?

如果你说他们有好多粉丝,好有影响力,超级帅……放心，你父母一定会觉得你有病，而且病得不轻，他们还会加一句话："跟你有什么关系呢？"

可是，如果说这个人就是当年的小虎队，就是当年的"四大天王"，就是当年的费翔，红得不得了呢？

父母瞬间就懂了。因为对于父母来说，那些是他们认知范围内的东西，那些更能引起他们的共鸣。

我在打击校园暴力时，一个伯伯给我打电话，让我不要多管闲事，说我还没结婚，管别人的孩子干什么。

我当时说了很多，他只是不停地告诉我："你现在事业正发展，管那么多有什么意义呢？能赚钱吗？能帮你娶媳妇吗？"

后来，我跟他说："你知道这些孩子为什么这么嚣张吗？因为他们在人群中从来不会有负罪感，就像你们当年被×××欺负一样。"

我说到这里，伯伯像明白了什么，马上不说话了，最后只说了四个字——"注意安全"。

我在写书时，我的父母一直不知道我在干什么，因为他们听说身边很多人自己花钱出书，印刷了好几千册放在家里送人，特别丢人。

他们还劝我："尚龙啊，咱们还是要好好上课，毕竟那是你的主业。"

后来，人民日报、共产党员的微信号经常发我的文章，我把链接发给父母看，他们瞬间明白了：我在做一件很牛的事情。

因为那些父母热衷的东西能让他们感觉更亲近。

用父母的逻辑去说服父母,是最重要的方法。比如,当你想选择音乐时,母亲反对,你可以说:"妈,当年您不是说,只要我好,您也开心吗?如果我现在不选择音乐,我就会不开心啊。您不会不让我幸福吧?"

比如你选择 A 作为男朋友时,父亲不同意,你也可以说:"爸,您当年不是告诉我,您和妈都是经过别人介绍认识的嘛,现在我靠自己找到了真正喜欢的人,我靠自己难道不好吗?您不希望您的女儿找到自己真正喜欢的人吗?"我想,这样的话,效果能好很多。

不要用语言对抗,而要用行动沟通

我曾经给漂泊在外的孩子写过一句话:记得报喜不报忧。

其实这是跟父母沟通的一种方法:尽量不要用语言对抗,而要用行为沟通。

什么是孝顺?有一些人总以为孝顺是从不反抗、唯命是从,其实不是,孝顺主要的含义是顺,所谓顺,就是语言上顺着来。

而顺着来是有技巧的。

我的一个女学生和男朋友恋爱四年,父母不认可那个男生,让她赶紧分手,可她就是喜欢,于是问我怎么办。

我说:"你就跟你妈说好好好,然后继续谈着,说什么都顺着,语言上别对抗,但行动上还是应该有自己的判断。"

她就这么坚持了两年,后来父母觉得这么拖着孩子不好,并且在这么长的时间里真正了解了那男生,就同意了这门婚事。

关键是,这个女生从来没有和家里人吵过架,父母每次发作,她要么岔开话题,要么嘴巴上不停地说好好好,但行动上还是坚持自己的判断。

所以,和父母沟通的方式是嘴巴上顺,但行为上有自己独立的判断。

我还遇到过一个更聪明的孩子。她在北京毕业后,父母非要她回家考公务员,她表面上说"好好好,马上回去",可是就是不买票,就这么拖了两个月,硬是在北京找到了工作,然后打电话跟父母讲:"爸妈,我在北京找到了一份工作,一个月8000多块呢,先不回去了。"

父母一想也是,回到家里,一个月才3000多块,就让孩子去打拼一下吧。

所以,用行动沟通,而不是语言对抗,是一个非常好的方式。

双赢原则和双输原则

古典老师的《拆掉思维里的墙》里有两个非常著名的模式,分别是"我不爽—父母爽"的双输模式和"我爽—父母不爽"的双赢模式。

"我不爽—父母爽"的双输模式

	我不爽	父母爽
我不爽—父母爽	我觉得无力，但是还能忍	父母开心，觉得终于让孩子幸福了
我不爽—父母不爽	• 我觉得失控，越来越无法忍受 • 我开始自暴自弃，还抱怨都是父母弄的	• 父母开始发现我不幸福 • 父母觉得很抱歉，但劝我再坚持一下
我很不爽—父母不爽	我觉得自己的人生很失败	父母放弃坚持，觉得自己怎么会有这样的孩子，他们的人生很失败

"我爽—父母不爽"的双赢模式

	我爽	父母不爽
我爽—父母不爽	我选择自己喜欢的事情，并开始行动	父母生气、绝望，甚至打算放弃我
我爽—父母观望	• 我有一点内疚，但还是坚持做自己喜欢的事情 • 我坚持做自己喜欢的事情，慢慢小有所成	• 父母很绝望，觉得孩子大了，自己有想法了，不听话了 • 父母开始怀疑自己的判断，但是依然不确定我现在的选择是对还是错
我很爽—父母爽	我觉得自己生活得很幸福	父母放弃坚持，觉得我的选择很不错

所以，让你的父母停止质疑、痛苦的最好方式只有一个：立刻行动，让自己变成更好的自己。用行动证明给他们看，只有这样，才是双赢。

去影响父母，和他们共同成长

你知道吗？我们的知识和见识体系原来都是通过长辈告知，通过一个村庄里最有见识的长者搭建，可是现在时代变了。互联网时代的到来，让两代人的信息和知识一下子"平等"起来。

现在这个时代已经变成：你会问父母怎么带孩子，而父母会问你怎么用微信。

我们这一代人，"长"在互联网上，面前是人工智能，背后是大数据，而我们的父母，正在逐渐老去。

所以，你需要陪着父母共同成长，你要把学习的东西告诉父母，和他们共同成长，因为他们曾经就是这么教你的。有个孩子说，父母总是转发一些吃什么会死、什么肉又出问题了、赶紧买盐囤起来这样的谣言给自己。我说："那你就要告诉他们，什么是谣言。"也许没用，但多说两句，肯定有用。

还有些孩子告诉我，自己的母亲总是相信莫名其妙的中奖谣言。

我说："那你就要告诉她们，这些人都是骗子。"

这是我们的责任。别忘了，在我们不懂事情的时候，是他们孜孜不倦地教你说话，一遍又一遍地教你认字，而现在，也应该换你一点点地把自己知道的告诉他们，一次次地重复着你感觉熟悉而他们感觉陌生的知识。

有一次我回到家，看见父亲因为5块钱停车费和别人吵起来，后来他非常生气，把愤怒转移，对我发起了火。

我把这个故事写进书里，我说最好的省钱方式是赚钱。你为了5块钱，和别人浪费半个小时，把心情搞坏了，还转移愤怒把我骂了，这些时间成本、心情成本和5块钱比起来，简直是得不偿失啊。

几年后，父亲开着车，跟我聊到了这个，他说现在再也不为几块钱而跟别人生气了，他说："那天看你的书，我觉得写得很有道理。"所以父亲说要更加努力赚钱，少生气，哈哈哈。

他笑得很开心。

我也很幸福。

现在，我时常把自己看到的、经历的一线知识分享给我的父母，他们在电话那头笑嘻嘻地说："儿子长大了，都学会这么多老爸、老妈不知道的事情了。"

而我清楚地知道，没有他们，就不会有我的今天。

这是最好的亲情。

你不仅陪他们变老，还陪着他们终身学习。

如何对待性行为？

我是支持大家谈恋爱的。大学四年，如果能有一段恋爱关系，还能互相陪伴和成长，真的是太幸福了。

但是，很多女孩子因为在大学没保护好自己，而受到了一生的伤害。

有些男生，也因为没有相应的知识，到头来悔恨终身。

这篇文章，我大胆点儿，聊聊一个稍微隐晦但十分重要的话题——大学生的性行为。

学校周围的钟点房

先从一个故事开始，是真事。

有一次我上午刚下课，累得够呛，中午有两个小时的时间休息。一想下午还有五个小时的课，我就想找一个地方休息一下。走到一所大学门口，我看到了一家小旅馆。

门口的牌子上，清清楚楚地写着提供钟点房。

于是，我走了进去，可能是因为我长得像学生，前台对我的态度很轻慢。我说："您好，我要开个钟点房，两个小时就好。"

她奇怪地看着我说："你开钟点房？一个人开啊？"

我听得云里雾里，一个人不能开钟点房吗？我纳闷儿地点了点头。

然后她继续问："你不带个女的或者男的？"

这句话问得我毛骨悚然，然后我疯狂地摇头，再次确定地说只有我一个人。

她又问："你不带什么工具吗？"

我以为是枕头和被子什么的，就问她："你们不提供吗？"

她说："这个都自己带，我们不提供。"还让我不要把房间弄脏。

我当时想，服务态度真差，连枕头和被子都没有，还开什么旅馆啊？

于是我转身就离开了，走在路上被冷风一吹，忽然脑子清醒了好多。回想起这段对话，我顿时毛骨悚然，原来还是自己太单纯了。

后来，在周末晚上，我又去了那家旅馆，压根儿没有空房。里面的房间很破，设施简陋，就是床大，价格便宜。

老板说他们旅店价格便宜，童叟无欺，尤其是钟点房。一到周末，学校周围的情侣纷纷来袭，生意好不兴隆。老板还说很多情侣甚至直接在这里办起了长租，有一次一对情侣在房间里吃火锅把线路直接弄短路了，真是过起了家家。

她讲到这里，我忽然意识到，世界变了。我想起父亲跟我说过，他们读大学的时候，男生和女生一般是不敢讲话的。对比来看，时代真是变了。

我们以为这是很罕见的，但事实呢，这个现象很普遍，已经在大学里有了相当的比例。许多宿舍里也有些床铺长期没有人，甚至有些学校已经在讨论是否可以在家长允许的情况下找到别的方式。

这个现象和学校好坏无关，和人的善恶无关，只是和青春、热血有关。

你可能以为我接下来要批判这种现象，其实不然。

大学的禁忌？

许多人从道德和贞洁的角度去批判女性和男性的堕落，说这个社会的女人是怎么了，说现在社会的男人是怎么了。在这么一个社交软件风行、信息高速发展的社会，我们无法像以前一样。

人有很多种生活方式，你可以不喜欢、不同意，但是，你要明白,每个人都有选择生活的自由。

不过是生活方式而已,不存在谁高谁低。鄙视、谩骂本身就是没素质的表现,包容、理解才是最好的修养。

但是,凡事都不能过,物极必反,甚至会造成一定后果。

一个大二的姑娘曾经在微博给我发私信,说自己和同班的男生恋爱,男生提出来同居,她问我自己是否应该同意。

我说:"这是你的事情,你自己做主,但我不太建议这么早就同居。"

她说:"呵呵,老师,你太保守了吧?"

我当时愣了半天,心想,你这不早就有答案了,那你还问我啥意见,难不成是过来调侃我的?

于是我没有再回复她。半年后,她再次给我发私信,说她前些时间做了堕胎手术,手术台上,自己欲哭无泪,男生什么也不懂,一直傻了吧唧地问怎么办。

她最后还怪我,说我为什么不早点拦着她,要是我当时拦着她,她就不会这样了。听到这儿,我差点儿一头撞墙。

这种故事还有很多,悲剧的起源大多是对性的无知。我给你看一则恐怖的新闻:南昌一对"90后"在校大学生未婚先孕,因害怕家人和学校知道,在宾馆生下女婴后,两人当即将婴儿杀害。南昌市中级人民法院对此案进行一审宣判,以故意杀人罪分别判处两人有期徒刑7年和2年。

我看到这则新闻,第一反应是震惊、愤怒,然后是困惑。

的确，这个宽容的世界，不应该谴责一个人在青春里挥霍自己的情欲，但为什么不提前做好保护措施？如果没有戴避孕套，为什么不计算安全期、吃避孕药？就算都没准备，退一万步说，为什么怀孕后没有及时处理这个问题？

残忍的背后，往往透着无知——对自己的无知、对欲望和性的无知、对世界的无知。

这些无知是怎么来的？关于两性关系的课还是开得不够多，性教育的选修课就开得更少了。

青春期是躁动的，不能压制，而应该引导；不应盲目谴责、谩骂，而应该告诉他们如何保护自己，告诉他们真正的爱情，根本不是纵欲，而是保护好对方，陪着对方共同进步。

喜欢是放纵，爱却是克制。

如何对待性行为？

国内有一种很奇怪的现象：避孕套广告做得畏畏缩缩，人流广告却做得大大咧咧。

堕胎广告到处都是，教女孩如何保护自己的信息却不见多少。

你在国内网站上搜索如何避免怀孕，出现的前几条都是人流广告。

为什么没有一门课告诉学生：

一个负责的男人，一定会主动戴上避孕套。

一个对自己负责的女生，一定会让男人戴上避孕套。

毕竟在这个世界里，你很难告诉大学生这不对，那不好。因为在我们的文化中，性这个方面，被压抑得太久，而性本身就是生活里的一种常见品。当一个东西被压抑得太久时，就有爆发的可能。

性教育一直是我们需要加强的地方，不是我们这方面的专家不够强，而是谁也不知道底线在哪里，一谈到就不好意思，认为会教坏青少年。其实大可不必。有些信息，越沟通，越安全；越压抑，越危险。

我们不应该盲目压抑性欲望，而应该学会用知识保护自己。

真正的爱，不是放纵，而是克制；是保护，而不是伤害；是提前预防，而不是事后后悔。

当然，你可以说我不想学这些东西，怀孕就怀孕，我生下来难道不行吗？

一个自己都活不明白的人，还要生一个孩子，这不只是任性，还是对自己和即将到来这个生命的双重不负责。

有人又会说了，那就给爸爸、妈妈带吧。

你可真好意思，你爸妈辛辛苦苦把你养大，因为你自己的问题而生一个嗷嗷待哺的孩子出来，你爸妈为什么要为你托底呢？我们可以肆意挥洒自己的青春，却不能因为放肆而放纵，最后放弃了自己或别人的未来。

所有的放肆，应该控制在一个安全的范围内，每个人都怕再不疯狂就老了，但是，人更怕老了后悔自己疯狂过头了。

所以，愿你们理性地相爱，安全地做爱；愿你们白头到老，不要相爱相杀；愿你们天长地久，而不是昙花一现。

怎么扩大自己的圈子？

我时常建议大家在大学四年多破圈、交朋友，因为你不知道哪一天就会有一个朋友能在你毕业、找工作，甚至找对象等大事中帮上你。

可是，每次讲到这里，都有同学跟我说："我根本没有社会资源，人家有关系、有背景、有资源，我什么都没有。"

遇到这样的同学，我想问："你想过你为什么没有资源、没有背景吗？"

很多人来到北京、上海、成都、西安这样的大城市，都是从没有资源、没有背景、谁也不认识开始的，后来他们怎么会认识这么多人呢？

就拿我自己来说，我也是一无所有时来的北京，一开始认识的人就是我们高中的四个同学，现在已经有三个人离开北京了，剩下的一个估计也会离开北京。可是，我的朋友反而越来越多。

在网上有人批评我,说李尚龙经常说自己有一个朋友,他哪那么多朋友?

其实这就是不太了解我了,我挺爱社交的,尤其愿意和聪明人交朋友。我的同学都把我称为路由器,好像跟谁都认识,跟谁都有点关系,但其实也不是,我会选择和优秀的人交朋友。有一本书,推荐给你——《朋友的朋友是朋友》。

这篇文章里有很多干货,一并分享给每一位希望扩展人脉的大学生。

在弱关系中寻找力量

在我们获取的新信息中,有机会及可实践的,大多数来自我们自己的弱关系,或者休眠关系。

所谓弱关系,就是我们不常见面或者相当长时间不怎么联络的人。

其实,你长大后能发现,亲密关系并不能给你提供特别重要和新的观点。因为你们太熟,待在一起太舒服。如果有用,早就有用了。

举个例子,当你需要一份新工作的时候,你肯定是先问爸爸、妈妈,请身边最亲密的朋友介绍关系,接着生活中强关系有可能被动员,然后帮助你。但是对于你来说,爸妈找到的关系可能不是你需要的。

此时，弱关系是接触新信息的重要渠道，而且比强关系的动机更有价值。

除了弱关系，还有休眠关系。比如你长时间没联系的高中、初中同学，你一起补习过但没怎么聊过天的同学。你思考一下身边有多少这样好久没联系的朋友了，赶紧请人家吃个饭。

坐一坐，聊聊天，这种弱关系会给你带来大量的信息，这些信息会让你变得更好，也会让你变得看事情更全面。

所谓休眠关系，仅仅是我们和某人长时间不联系，并不代表这个人消失了。这个人可能还在我们的朋友圈，有时候点点赞，可能没有见面，这说明他在另外一个圈子已经很长时间，他的信息对你来说，应该是比较新的。

你和任何人之间都只有6次握手的机会

1994年的时候，有三个大学生，改变了我们对人类关系的理解。

他们闲得无聊便看电影打发时间，发现每部电影中都有一个叫凯文·贝肯的人。凯文·贝肯出现在如此众多的电影中。这三个大学生，作为资深影迷，他们有一个专长，那就是能够随机说出男演员和女演员的名字，他们想试试说出一个演员的名字，需要多少部电影，这位演员才能够跟凯文·贝肯联系起来。

比如他说猫王，他发现猫王跟凯文·贝肯之间只隔着一个联系人；又发现另一个演员，他和凯文·贝肯之间隔着三个联系人。

他们就把这个间隔的联系人取名贝肯数（Bacon Number），比如他跟玛丽莲·梦露的贝肯数是2，中间隔两个人；比如他跟汤姆·克鲁斯，贝肯数是1，中间隔了一个人……

在这种极其无聊的运算中，他们竟然发现了一个秘密，这个秘密就是好莱坞的任何人和凯文·贝肯之间不超过6个人，他们后来登上《囧司徒每日秀》，然后跟观众证明说凯文·贝肯是娱乐圈的红人，因为他跟谁都有关系。

他们上了这个节目之后，贝肯数的游戏迅速就传开了，他们也因为无聊认识了贝肯，三兄弟一下子爆红。

这事儿还没完，在弗吉尼亚大学读书的两名计算机专业的学生观看了这个节目，发现了一个更惊人的秘密，不是贝肯这个人，好像人人都是这样。

然后这两个程序员就决定搞一个互联网电影数据库，这个网站汇集了几乎公映的每一部电影的导演、编剧、制片人，任何人在这个网站输入两个明星的名字，网站都会在数秒钟之内找到两者之间最短的路径，寻找两个非贝肯明星之间的关联。

这个游戏的人气非常高，每天的访问量有两万多次，直到

2007年，贝肯因为这个网站名声大噪，演戏没红，游戏红了。

接着，美国数学学会根据这个人设计了一个叫"贝肯神奇"的网站，这个网站还有一个叫测量距离的计算器，就是可以找到任意两个数学家之间的关联，再之后，这个实验就越做越夸张，开始测量任意两个人的间隔，最后经过大量的数据表明：任何两个人之间隔5~6个人，简单来说，是5.5个人。

也就是说，每个人跟美国总统之间最多只有6次握手的距离，你和我也只有6次握手的距离。

后来我们把这个理论称为"六度分离理论"。

"六度分离"这个术语出自一个叫约翰·瓜尔的剧作家，这个人写了一部戏剧《六度分离》，甚至写过这么一段话：

"这个星球的每个人同其他人之间最多间隔6个人，所谓六度分离就存在于我们这个世界上任何人之间，美国总统跟船夫你填上中间的名字就不超过6个人，这就是人际关系的一个终极奥秘。"

如果你知道这个奥秘，请你相信这篇文章的主题——朋友的朋友，可以是朋友。

主动交朋友

关系网络有一个特点——偏好依附。

大家有没有发现我们特别喜欢依附一些很熟的人，我们喜欢在关系中找到那种安全感。但是真正的社交达人，不仅会享受安全感，还会突破自己去见到"不安全"的关系。但就在这些不安全的关系中建立安全感之后，他的关系网会越来越大。

人际关系学揭示了一个非常出人意料的事实，就是一开始这些关系非常难处理，但是时间是良药，你发现经营关系变得越来越轻松。随着你的社交范围越来越大，你建立新的联系可能会越来越简单。

所以大家发现，内向者越内向，朋友越少；外向者越外向，朋友越多。这就是著名的马太效应：凡有的，还要加倍给他，叫他有余；凡没有的，连他所有的也要夺过来。

这里有一个窍门：你的朋友里一定有那种社交达人，跟他交朋友，他来给你介绍他的朋友，带你进他的圈子，你能很快走进去。

那问题来了，人家凭什么带你？

因为你身上有人家需要的品质，比如饿了递个馒头、困了递个枕头。

提供自身价值和稀缺感，也是交友中的重要内容。

注意挑选朋友

最后说一句：交朋友很关键，因为朋友决定了你这一生最重要的一些节点。

你的朋友甚至决定了你的价值观、身份、地位和财富。

美国杰出的商业哲学家吉姆·罗恩提出的"密友五次元理论"认为：一个人的财富和智慧，基本就是五个与之亲密交往朋友的平均值。你在什么环境中、你有什么样的圈子，决定了你后半生的成败得失。

这就是我们说的：物以类聚，人以群分。

你的朋友是会影响你的。比如说你有个朋友胖了，根据研究表明，接下来的2~4年里，你变胖的概率能达到45%。如果你一个朋友的朋友胖了，你变胖的可能性也会上升20%。

开个玩笑，你老跟胖些的人玩，变胖的可能性会很大，研究人员把这个称为三度影响力原则。

同理，你有朋友吸烟，你有61%的可能性变成一个烟鬼；你有个朋友的朋友吸烟，你有29%的可能性抽烟。如果你的朋友发财了，如果你的朋友幸福了，那你也就不一样了。

所以要跟正能量的朋友相处，跟高处的朋友相识。

还有一句话一定要送给你，这句话是我妈妈跟我说的："原来以为往下活简单，不用太费力，后来发现越往下走，越多鸡毛蒜皮，反而越往上走，虽然艰辛，但上面的人出奇地包容，那里生活才简单。"

不要让自己只是看起来很努力

第五章

没人在乎你多么努力，
人们只看结果

有一天，朋友带我看了他们院子里最高的一棵树，树很粗壮，在春天的滋润下枝繁叶茂，让他的院子有许多能乘凉的地方。

朋友指着这棵树的树干告诉我："这里有几道伤口，你能看到吗？"

我看到那棵树上有几条白色的痕迹，说能看到。

朋友说："这棵树几年前被一个醉汉用斧头砍过，差点儿枯死，幸亏我和我妈赶紧报警，制止及时，才让它存活下来，有了今天这片荫凉。"

我说人没事就好。

但他接下来说的话，让我十分受触动："现在这树长高了，有时候看到它身上的这两道伤口，我还特别痛恨那个曾经伤害过它的人。他精神失常，进医院了。"

说着,朋友要给我拍照,他转身,踩着脚下的小草,找到一个好的角度,然后冲着我说:"来,尚龙,笑一个。"

我一边笑,一边沉思。

接着,我看了一眼地下被他踩得蔫了的小草,那一瞬间,我明白了点什么。

我接下来讲的这段话,你可能不同意,但对不起,这是这个世界的真相。

这世界根本不在乎你多么努力,只在乎你努力的成效。

换句话说,如果你的努力没有结果,就等于没有努力。

就好比你的目标是考上研究生,如果你没考上,你的所有努力只是感动了自己。

为什么人们会心疼这棵参天大树曾经的伤,而不会顾及脚下小草的痛?

因为小草太小,而大树太大,当小草被放大十倍变成芦苇,被放大一百倍变成大树,就不会有人践踏它了。人们也会心疼它身上的伤,恨曾经伤害过它的人。

同理,当你把一只蚂蚁放大到一百倍,让它的表情能被人看到,让它的痛苦能被人清晰地感知,就再也不会有人一脚踩死它了,至少不会有人毫无负罪感地踩死它了。

再同理,只有高大的人,他过去的伤痛才会被人看见;一个渺小的人,所有的伤痛,只有自己知晓。

我在签售时,曾经有人问过我一个问题:"龙哥,这世界相信努力的意义吗?"我说:"相信。"

他问:"那为什么我这么努力,还是没人认可我?"

我待在台上,迟迟想不出对答的话语。

当晚,我想了很久,一瓶酒下肚,才忽然想通了:这世界根本不在乎你多么努力,只在乎你是不是有所成就,在乎你的努力是否有效。

其实,在人有所成就前,努力都不会被人歌颂,只有在人成长为一棵参天大树后,他的伤痛和努力才会被人认可,被人发现,被人传播,被人心疼。

想到这里,我也终于明白这个世界运转的方式:在你渺小时,没人会在乎你的努力;当你成功后,才会有人愿意听你的故事。那些故事,才是有血有肉的。

有人说世界很残忍,的确,因为上帝总是原谅,人类偶尔原谅,但大自然从不原谅。

这是个被强者书写的世界,所有的历史,写于胜者之手。如果你不是胜者,就无法书写自己的历史并让后人看到。这是个功利的世界,只有好的结果出来,你才有资格被人关注到努力的过程;只有结果好了,才会被人注意到努力。

其实,我想到高中时,每位学习成绩好的同学,都会在考试后分享自己的学习方法。可惜的是,当他考砸了,就再也不分享了,换成了别人分享。

我想起很多企业家在公司上市后会到处分享自己管理公司

的理念，却在公司破产后销声匿迹。

我想起出名的人讲自己的经历时，台下的人一般会热泪盈眶。可是一个不知名的人，无论他的故事多么动人，大家都只是听着。

再说一遍，请把这句话念出声：这世界根本不在乎你多么努力，只在乎你努力的成效。

因为这世界从来不相信眼泪，这世界只看结果。在你成功前，没人关心你的努力，所有的痛，只有你一个人扛，你也必须一个人扛，学会一个人安静地长大。

现在，如果再给我一次机会去回答那位同学的问题，我想我会这么回答："孩子，别抱怨你的努力没有收获，你至少有努力的资格，有些人连努力的资格都没有。"

在你有成果前，所有的努力不要到处跟别人说，去博得别人的同情。大家只会看你的结果，听你成功后的经验，没人喜欢听你成功前的抱怨。

那些苦，就先咽下去吧。你要相信，那些苦不会白吃，只会在你有所成就后，成为你吹牛的资本和让别人羡慕的经历。

但在你什么都没有时，安静地努力，是你变强的唯一出路。

耐住寂寞，才能守住繁华。

你可能会说，我这么努力，万一没有好的结果怎么办？

我想告诉你，努力可能不会成功，但不努力你会后悔啊。

去安静地努力，不喧嚣地奋斗，去用心拼命，别夸大自己的苦，因为没有苦是白吃的，没有路是白走的。这些苦，都会在你发光那天，被人看见，让人感动。

而那一发光的时刻，正在召唤你，你看到了吗?

关于梦想的五条定律

有个叫阿瓜的断梦人,他想做音乐,却被母亲频频阻拦,并且要求他留校当老师,最终他不仅伤害了自己心爱的女生,还丢掉了自己做音乐的梦想。好在最后,他捡起了吉他,放弃了稳定,踏上了远行的火车。

阿瓜的故事是大城市年轻人的现实写照——迷茫、不知所措。

于是大家开始问:

"为什么听了这么多道理,还是过不好这一生?为什么梦想最后变成了梦和想?"

"为什么自己设计的所有梦想,都望尘莫及,最后变得破碎不堪?"

"为什么你总是迷茫,不知道前方的路?"

今天,让我来分享五条关于梦想的定律吧。

细分梦想，切分目标

我参加过马拉松比赛，但没坚持下来，跑到一半上了收容车。在终点，我无比羡慕地采访一位马拉松运动员是怎么坚持跑完的，他说："我不是跑了（差不多）42公里，而是跑了（差不多）42个一公里。"的确，拆分目标，只是为了让目标更清楚。

就好比你要考研，考研英语单词是5500个，如果你还剩3个月的时间准备，你就要制订一个计划：一天背60个单词（还要复习，熟知怎么使用）。这样清晰的计划，能让自己减少许多焦虑，每走一步，就离终点近一些，更能在完成一个小目标后获得一些成就感。

这些成就感，能让你走得更远。

其实，所有伟大的目标，都是拆分而来的。他们实现了小目标后，继续往前扩大自己的理想，然后变成了伟大的目标。

这些年，我之所以很讨厌看自传，是因为大多数自传里有一句假话：我从小就知道……

没人会在小时候就知道自己能成为企业家、百万富翁。很多人是在成功后，故意给自己的童年故事"添砖加瓦"，其实每个人的童年都是一个"四面透风"的空房间。

科学的方法是，永远不要制定一个看不见的宏大目标，而是要细化到每一天。其实，过好每天，未来一定不会差。

拆分目标的另一个好处是，让自己活得真实。

我有一个好朋友耗子，他从小到大的梦想就是成为一名设计师，穿着西装在写字楼里有一份体面的工作。后来，他的女朋友问他："你难道没想过成为创业者吗？"他忽然间有了"梦想"，当着所有人的面大声说："没错，我就是想成为像马云那样的创业者。"后面的日子，他逼着自己读创业的书，甚至如疯子一般辞了工作，折腾了一年，他又默默地回到原来的公司，成为一名设计师。一次吃饭时，他跟我们说："其实我对创业的事情根本不感兴趣，我就是喜欢画画。有时候梦想这个东西，不能瞎喊，因为一瞎喊老是喊得特别没边际，也不是自己想要的。"

的确，当一些超级大的梦想被说出来，那些小的梦想就死掉了。而那些小梦想，才是最真实的梦想。

第一步的力量

《孤单星球》里面说："当你决定旅行时，最难的一步就迈出来了。"其实，实现目标最难的，就是迈出第一步。我们大多数人在考虑怎么潇洒地迈出第一步，但是迟迟不敢前行，最后错失良机。

其实，所谓良机，并没有人确定什么才是最优的时间，只有迈出第一步，才知道是不是良机。

当你决定旅行，抓紧买一张机票；当你决定学习，抓紧报一个班；当你决定读书，先买一本书；当你决定减肥，先下楼跑半小时……

有了第一步，第二步就会很自然地迈出去。

我的妈妈就是一个这样的人，她想全部准备好再去行动，但永远不迈出第一步。我很小的时候问我妈妈有什么梦想，她说自己的梦想是周游世界，我问她为什么不去呢，我妈妈一边做饭，一边说："你还小，等你读小学，我就放心了。"后来我小学毕业了，我问她咋不去周游世界，我妈妈说："等你上初中，我就真的放心了。"后来我初中毕业，我问她为什么不去旅游，而是总在家里骂我，我妈妈很生气，说："等你高考了，我就彻底放心了。"我高考结束那天，我问她什么时候去旅游，我妈妈说："等你大学毕业找到工作，我就可以彻底放心了。"后来我大学毕业，我妈妈说："等你结婚就好了。"我都可以想象她后面的话——等你有了孩子、等你孩子上小学……

各位是否发现，人生就是一个个轮回，一代人终将老去，但总有人年轻，只要有人还年轻，你就可以继续拖下去。

直到有一天，我妈妈来到北京，总是唠叨我。我真的生气了，跟她说："妈，你别骂我了。我想问你，如果问你现在想去的地方，这个地方是哪儿？"我妈妈说："想去杭州。据说杭州的西湖非常美丽，还被印在了人民币上。"我说："妈，你到底是喜欢人民币还是喜欢西湖？"她说都喜欢。于是我走进房间,马上买了两张从北京到杭州的机票,我拉着她说:"你拿着身份证,今天跟我出发。"我妈妈吓了一跳,说:"你爸的饭还没有做,你是不是疯了?"我说:"我不管,跟我走。"在我的生拉硬拽下,她来到了杭州。我妈妈下了飞机,眼睛红了,她说没想到现实与梦想只有两张机票和几个小时的距离,关键是敢不敢迈出第一步。

她说完就要哭,我递过去一张一块钱,她拿着印有杭州美景的人民币,一边哭,一边说:"养孩子真好。"

从那之后,我妈妈就收不住了,她先提交了退休申请,然后谁也不管、谁也不顾地收拾好了行囊。我妈一个中年妇女,在一年的时间里,去了6个国家、30多个城市,现在她跟我打电话只有两件事情:第一件是"儿子,你姐姐和饭团儿最近怎么样";第二件是"对了,妈妈没钱了,给我微信打点钱"。

当然这也带来了副作用,我爸爸"疯了"。虽然如此,但我爸爸也就疯了一会儿,很快重回正轨。他们都过上了自己想过的生活。

这就是迈出第一步的魅力。

我上大学的时候,一位老师说了一句话,让我印象十分深刻:"当一件事情有50%的可能性可以成功时,你就应该尝试一下。世界上没有100%可以成功的事情,有一半概率都不试试,你还是个年轻人吗?"

一边走，一边调整

接下来就有人问了："那要是失败了呢？"

失败就失败了呗，谁规定不能失败呢？大不了从头再来，大不了大器晚成啊。

本身就一无所有，失去的只能是锁链，得到的却可能是整个世界啊。

在这个不停变化的世界里，我们都得拥有一边飞速奔跑，一边寻找路径的能力。

就好比你爱上一位姑娘，你有 50% 的可能表白成功，但你表白后被拒绝，又能怎么样呢？谁规定不能第二次表白，不能等一段时间再表白，不能先做朋友后做恋人？迈出第一步，然后调整步伐，才是最聪明的做法。

一年前，我的一个学生准备英语考试，给自己布置的任务是一天背 100 个单词，后来他发现每天背 100 个太多了，坚持了几天就疲惫不堪，于是他把目标减半，一天背 50 个。这样，他用了多一倍的时间背完了所有的单词。

虽然慢了点，但依旧完成了任务。

毕竟，世界在变，而你不变，仅仅指望着第一步，显然不够。每日的反思、每周的自省、每月的总结，都能帮助你重新制订计划，实现梦想。

不变的事情总是容易的，而困难的事情，总是变化的。

衡量自己的三要素

可是，如果我实在不知道自己能做什么、不知道自己想要什么怎么办？我们活一辈子，有两三万天，却没有花三天去真正思考自己想要什么，也挺可悲的。在大学四年里，你可以不知道自己想要什么，但一定要清楚自己不要什么。排除不要的生活，剩下的，至少不是你讨厌的生活。

我们需要理解自己。美剧《英雄》里的克莱尔从小有自愈的能力，可是在这么强大的能力下，她开始迷茫了：我到底是谁？我的潜力到底在哪儿？我只有皮肤能自愈吗？我要是把胳膊砍掉，它会不会重新生长出来？把头砍掉呢？那长出来的是什么头？

后来编剧在接受采访的时候说："其实这些超级英雄就是我们生活中的每一个人。我们不知道自己想要什么、不知道自己是否融入了这个世界、不知道自己的能力是否强，也不知道边际在何方。"

这段话其实给了我们一个启示，要认识衡量自己的三要素——从内、从外、从心。

从内，看看自己的能力到底有多强。

从外，看看自己的专长是不是被市场需要。

从心，看看自己是否喜欢这样的生活。

通过这个方法论来判断，其实我们大多数人已经没有多少选择了，剩下的路，就只能义无反顾地走下去。

盯紧自己的目标

这一条看起来是一句鸡汤，其实不是。跟你分享一个故事吧。在一场辩论赛上，我的一个朋友因为对方的一句话而勃然大怒，竟然说了脏话。我在台下吓出了汗，要知道，辩论场上最怕的就是失态地对人不对事。因为辩论是给观众听的，你的所有观点，都不是针对对手，而是表达自己，优雅地讲给第三方听。果不其然，那场辩论赛，他们得了很低的分，最后失败了。

我问他为什么这么生气，他说没控制住，想到了一些不开心的事情。

后来他在朋友圈里写了一句话：要盯紧自己的目标，不要因为情绪，忘记出发的理由。

古典老师在《做生活的高手》（没看过的同学一定要看看）演讲中说过一句很有名的话："把目光交给自己的目标，而不要交给自己的对手。"的确，在这个信息量庞大、诱惑极多、对手满地的世界里，你是否记得自己曾经的目标是什么？你是否因为高额的房价而忘记来"北上广"的真正目的？你是否因为被丈母娘骂了两句而忘记爱情的本真模样？你是否因为领导的不公而忘记了当初进入这个领域的原因？盯紧自己的目标，才能成为生活中的高手。

如果明天是世界末日，
你会不会感到后悔？

假设真的有世界末日

如果明天是你存在的最后一天，你还有什么后悔没做的事情？

如果你知道自己的时间将近，在最后的一段日子里，你是否会反思，对自己而言什么才是最重要的东西？有什么人一直没见？有什么事一直没做？有什么人一直没放下？

在宣传图书《你要么出众，要么出局》的时候，我在安徽签售，那是合肥的一家书店，一个女性读者走到我跟前，忽然眼眶就红了。

她是附近一所军校的学生，家住在北京。她拿着我的书，看着我，最终还是哭了出来："龙哥，我想家，我不想在这里待了。"

我最怕女生哭，于是赶紧跟她说："别哭，你先到那边等我，我签完其他人的再跟你聊。"

可是，我"食言"了。不是因为我不讲信用，而是人太多，签售完已经过去一个小时，小姑娘走了。我想，或者是她请的假已经到时间了，或者是她不愿意等了。

我暗自庆幸地叹了口气，因为就算我再次跟她沟通，也不知道说点什么。

2008年，我和她一样背井离乡，来到北京的一所军校。看着满墙内的绿色，感到非常压抑，我说不出话，身边所有人都告诉我，要坚强，要坚持。

那时父亲给我打电话，我在电话里强忍着眼泪说："爸，我想回家。"

父亲说："孩子，坚持待下去，你总会离开家的。"

父亲说完这句话，我就不哭了，因为我意识到，这个复杂的问题已经不再是我哭两嗓子就能解决的。想要解决问题，眼泪无法做到，只有让自己强大起来，争取有一天能有选择权，能选择自己的命运才行。

这种自我的鼓励，一直伴随着我，直到大三申请退学。

退学那年，我遇到了非常大的阻力，直到大四上半年才离开军校。

有一件事情刺激了我，大三那年，学校有一个同学跳楼自杀了。据说那个同学跳楼前被逼到了极限，然后从高层跳下。

可惜的是，人没有马上死，救护车过了一个小时才来，人被抬上救护车的时候才死。

救援的哥们儿说，他能听到那人临死前的喘息声，那呻吟，刺骨、刺耳、刺心。

我和那个死去的哥们儿有过一面之缘，没讲过话。他的死，没有记者报道，以至于我现在都不知道他的名字。但因为这件事，我明白了，人如蝼蚁，命如野草，生命可以如此单薄，可以说没就没。

最刺激我的，是一次在吃饭的路上，一个教员说："真不能理解，为什么要死啊？大不了退学啊！死都不怕，还怕什么？"我依稀记得那个教员是用讲段子的方式说的这句话，但这句话莫名地给了我很大的力量。终于，我决定退学，而且那时，我已经有很明显的抑郁症前兆了。

依稀记得，我在日记本上写了一句话：如果明天是我活着的最后一天，我还有什么没做呢？还有什么事情会后悔呢？

忽然间，我清楚了自己想要的东西，很简单：我要过好每一天，按照自己的意愿过好每一天。

直到今天，我的每一天都是我想要的，身边的人，都是我最喜欢的。我很清楚，再怎么上学，我也不会喜欢自己，更不会有属于自己的未来。

我时常会在晚上发呆，想到那个年轻时盲目自信的我，以及那个勇敢做决定的我。

你害怕死亡吗？

这些年我最喜欢的电影之一是《遗愿清单》，里面说一辈子结束时，人在上帝面前会被问两个问题，如果你的回答都是"是"，你就能上天堂。第一个问题是你快乐吗，第二个问题是你让别人快乐吗。

因为生命很短，所以人总在有限的生命里去寻找超乎生命的意义，去寻找能用生命捍卫的东西，只有这样，才能让生命变得更好更美。

其实，这就是很多父母逼着子女努力奋斗的原因——他们把子女当成自己生命的延续，自己无法找到这样的目标，就让子女背负。

这辈子，我们都在找目标，都在期待以后，都在等待明天，却忘了，明天可能不会来，未来可能不存在。真正的快乐，是要去追求超乎自己本身的目标，同时让自己和别人都快乐。

当我们知道自己的生命很短，甚至很快就结束时，是否会正视死亡，同时正视生命？

我们不愿意谈论死亡，甚至惧怕死亡，每次聊到死亡，就会感到无比恐怖。

在合肥的一个晚上，我见到了著名的法医秦明。秦明最近很憔悴，用他的话说，他一直很憔悴，因为他的工作，总在生死之间。

我问他:"你天天面对死亡,有什么最深刻的感觉吗?"他喝完杯中的酒,说了三个字:"好好活。"

什么是好好活呢?就是在有限的生命里,做有意义的事情,让自己快乐。

其实,当我们知道生命进入倒计时时,所谓的苦大仇深,所谓的憋屈委屈,所谓的难受痛苦,都会烟消云散,都会显得不那么重要。

秦明还给我讲了一个故事:在一起交通事故发生后,受害人受伤严重,进医院后,他被下了病危通知。医生请来了法医。法医在门口,等待尸检,却被家属拿板凳打伤,家属一边打,一边说:"谁让你们来的?你们是期待我家人死吗?"

秦明讲到这里摇摇头说:"因为人们都没有做好死亡的准备,没有正视死亡是生命的一部分,所以,在很大程度上,他们把不满的情绪,转移给了外面的世界。"

其实,只有直面死亡,才会积极生活。这是秦明告诉我的。

所谓好好生活,其实就是努力按照自己的意愿过一生。

珍惜每一个能呼吸的日子

写到这里,忽然有一些沉重,于是我翻了翻书,了解了一些关于死亡的数据：在美国，25%的医疗保险费用花在了5%生命处于最后一年的病人身上，其中大部分钱用在了最后几个月没有明显作用的治疗上。这个数据在中国，也不容乐观。医疗资源也存在被浪费的问题，许多无法医治的患者被要求"不惜任何代价抢救"，于是一部分资源被浪费了。

许多人在人生的最后几年里，并没有得到很好的照顾，没有尊严地离去，他们在大量的药物、痛苦的化疗、神志不清的状态下结束了生命。用《最好的告别》一书中的话说："我们最终的目的，不是好死，而是好好地活到终了。"

可事实呢？

许多人生命的最后一段时间，是极度难过的，是没有尊严的。

为什么我们这么不愿意离去？是因为关于死亡，我们从来没有做好准备，而没有准备好死亡，就没有办法好好地生活下去。

我的母亲曾经跟我说过，最好的惜命，不是去买补品吃，而是精彩地过好当下每一天。

这句话让我很有感触，与其思考死亡后的生活，担心死亡时的痛苦，还不如用心过好当下。因为只有过好当下，才能无愧于心。

《最好的告别》这本书里提到了临终关怀和安宁疗护，《死亡医生》这部电影里提到了安乐死，这些东西，目前不在我们的医疗体系里。

当然，我不是支持安乐死，而是我们大多数人觉得自己还有大把青春可以挥霍，忘记了生命总会有终点。

每个国家的医疗体系，都有着自己的规则和规律。可是，生命的规律却一样：都是几十年，最多一百多年，从幼年到青年、到壮年、到老年，再到死亡，谁也逃不掉。

我们因为太年轻，所以不去思考死亡。

但你知道吗？在1982年，耶鲁大学的哲学系教授谢利·卡根就开始盘腿坐在讲台上，和学生们聊起了死亡，带着美国学生在最年轻的时候，了解生命和死亡的意义。后来他把课上和学生探讨的话题，写成了一本书——《耶鲁大学公开课：死亡》，有兴趣的同学可以找来看看。

而这一生，这一世，我们是否活出了比自己生命更重大的意义？是否活出了自己想要的一生？

那些还在抱怨的人、还在浪费时间的人，不过是因为他们确定还有明天，还有未来，还有数不清的大把光阴。

可是，如果人们开始意识到生命其实很短暂，如果人们意识到有可能没有明天呢？

如果每天的生活都是恩典，你还会不会去追求那些无意义的事情？还会不会去恨那些无意义的人？是否会放下一些不开心的事情？是否不去拖延重要的事情，马上开始做呢？

毕业就分手的恋爱要不要谈？

终于写到了校园爱情。我接下来会写很多案例，里面的男生、女生，都是真实的。

也有很多感触，很多想法。

甚至很多真相，都是赤裸裸的，让人不那么容易接受。

但我还是要写，哪怕会让一些人读得不舒服。

就像你明明知道初恋可能没结果，却毅然决然地选择飞蛾扑火。

被甩了，又甩了谁？

姑娘 20 岁，她认识我的时候，我也不大。我们坐在一家咖啡厅，她哭得一塌糊涂。

因为，她跟大叔型男友分手了。

姑娘正在读大二,对世界和社会充满着懵懂和好奇,想要赶紧冲出象牙塔,却又怕围城外四面楚歌。

她和这个30多岁的男友在校园不远处的一家咖啡馆相遇。他刚谈完生意,她刚上完自习,两人惺惺相惜,很快留了联系方式,不久,就在一起了。他们谈了3个月,她喜欢男友的沉稳,也喜欢他的博学,她以为他们能走很远。可是,男友提了分手,说两个人不合适,就别再见面了。

姑娘很难受,跟我抱怨:"怎么就不合适了?我觉得挺合适,我跟他在一起感到特别舒服。"我问:"那他怎么说?"

她说:"说什么我跟他不是一个世界的,我们的感情不平等,他总说很累,说我不理解他、不知道怎么安慰他等,然后就提分手了。"

她继续抱怨着,眼眶红红的,说:"以前跟同班同学谈恋爱,我总觉得男生太幼稚,让我没有安全感。后来我跟大叔谈恋爱,他又嫌弃我不懂他,不能和他并肩作战。我真的快要疯了,我是不是应该找个女生?"

我听完愣住了,不是因为她讲的话好笑,而是从她的话语中我知道:她之前谈过一个和自己年纪差不多大的男生,但是分手了。

我问:"那,之前那个,和你一样大的那位,你们为什么分手?"她叹了一口气,说:"那个别提了,他太幼稚了,而且根本不懂爱,我跟他在一起看不到未来。我跟你讲啊,有次我说渴了,他竟然给我买了一瓶冰水。如果是大叔,一定会给我买热的。"

我听得有点不舒服,可还是说:"爱不够,可以今后弥补,毕竟他年龄不大嘛。那他努力吗?"她挠了挠头,说:"努力还真挺努力的,但论成熟、谈吐、安全感,他真的不如那个大叔。咱们说句实话啊,龙哥,虽然我不拜金,但人总要在大城市里生活吧,总需要柴米油盐吧?论财力,他也不如那个大叔。你说我一个女孩子,虽然正在读书,但是不是也要提前考虑这个问题?"

我说:"虽然你嫌弃那个男生,虽然你喜欢那个大叔,但你还不是被甩了?"

她仿佛被我打到了七寸,瞪了我一眼,很快,她又回归难过的样子,然后说:"你说,他为什么要甩掉我?"

我想了想,说:"和你把那个男生甩掉的原因一样。他觉得你太幼稚了,跟他完全不在一个频道。"

她仿佛听懂了什么,让我继续说。

我说:"你真不应该那么快甩掉之前那个男生,虽然他年纪小,却有着巨大潜力。男生在学校里往往看不出惊人的能力,只有出了校园,才能看到曾经的巨大潜力爆发。所以,莫欺少年穷,他们不一定不行,只不过是时间的问题。只要时间够,自己又能持续地努力,他就能在这个社会有着自己的一席之地。

"你应该等他,陪他成长,和他共同打造一个家,而不是图简单,找一个什么都有的。虽然谁都知道找个什么都有的人舒服,但别人给你搭建的房子,也代表别人随时能拆掉,留下一无所有的你在野外奔波。"

何况,安全感从来都不是别人给的,更不是一个男人给的。安全感,是自己给自己的。

从他一无所有时开始陪着,比他什么都有后,"寄生"到他的生活里要更安全。

选择不是当下,而是未来

我写到这里,估计很多女生又要反驳我了:"你一看就是童话故事看多了,要是每个男人都是好的,都在成功之后不抛弃妻子还好,都在年轻的时候不三心二意还好说,那要是遇到渣男了呢,你负责啊?"

其实呢,渣男处处有,每年都很多,这点我当然承认,这辈子谁还不遇到几个渣人?

渣女也有很多啊,那总不能不去爱了吧?

那么,我再讲个故事吧。

我遇到一个男生,正在读大三,学校背景一般,专业也不喜欢。他整天待在宿舍里,疯狂地打着游戏,必修课选逃,选修课必逃。他逃了课干什么呢?打游戏。

以前他还会洗洗头出去吃个饭，因为要见女朋友。

后来，他就长期光着膀子，再也不洗头了，身上的肉越来越多，他也越来越懒，因为女朋友把他甩了。

后来我去他宿舍看过他几次，每次他都在抱怨，说现在的女孩子拜金，自己不就难看点、没钱点、买不起房、没目标，还有点懒？除此之外，他还有什么不好？

我瞪着他说："你还剩什么？"

他没抬头，继续打着游戏，抱怨着、痛斥着。

我转身离开他宿舍时，心里满满地充斥着对他的感受：既是可怜，又是可悲。

我可怜他怎么过上了这种日子，被姑娘甩，蓬头垢面，没有目标；可悲的是，他不知道，女孩子根本不是嫌他贫穷，而是在他身上，看不到希望。

年轻的男孩子，往往没有社会地位，没有充足的资金，没有令人瞠目结舌的背景。但是，靠谱儿的男孩子有青春，有野性，有梦想，有追求，他们不浪费时间在游戏上，更不会疯狂地抱怨、迷茫，他们虽一无所有，但逆风奔跑，给女孩子希望。

女孩子明明可以用最年轻的时光去找各方面条件都更好的人，为什么还要跟你在一起？原因很简单，因为你能让她看到光，让她看到希望。

女孩子在青春期的成长速度往往比男生快，这也是很多青春题材电影里,男女主人公不能在一起的最大原因:思维不平等,交流不顺畅。

门当户对虽不重要,但精神上的门当户对,决定了两个人能不能走得更远。

所以,男孩子需要快些成长。一个不努力的男生,是不配拥有好爱情的。

就像一个总是拜金的女生,也不配拥有纯洁无瑕的爱情。

谈一场不分手的恋爱

我曾写过一篇文章——《灵魂若无平等交流,感情也就无处可息了》。

文章的中心思想是,真正平等的感情,需要两个人携手共进,共同打拼出一片家园,少一个都不行。

谁说毕业就必须分手?谁说再见就是再也不见?

其实不然,所有的分手,都不过是因为两个人的步伐不一致、方向不相同。这些,都能通过平等交流和共同进步得以解决。

这世上除了黑白,还有五彩缤纷的颜色,总有一种,是两个人都喜欢的。

回到第一个故事,姑娘为什么会被大叔甩了?原因很简单,大叔满脑子在想工作、想买房、想投资的时候,姑娘仅仅在想楼下的衣服要打折了、考试过不了怎么办……当一个人总是踮起脚去爱另一个人,一个人总是弯着腰去吻另一个人时,这样的感情,注定会压死一方,累死另一方。放手,是早晚的事情。

美好的感情是齐头并进的,男孩子可以为女孩子不打游戏,他们多看书,多实习;女孩子可以为男孩子少买一个包,她们多陪伴,多鼓励。

有很多人问过我:"老师,你觉得大学四年要不要谈恋爱?"我的答案是,当然要。

在大学四年,还有比这个更能记一辈子的事情吗?

但是,任何一段高价值的恋爱,一定是建立于彼此优秀和共同进步的道路上。

互相拖累,相爱相杀,彼此摧残,这种爱情只出现在韩剧里,放在生活里,三天就死,虽然难忘,必是噩梦。

或许毕业后,会分道扬镳;或许长大后,终究会别离。

但自己无怨无悔,因为虽一无所有,却大汗淋漓、玩命地爱过你。

哪怕没有走远,没有结局,也曾让自己,变得更美丽。

后记
未来的学校会是什么样？

到尾声了，我也展望一下未来。

前些日子，我去一所中学做分享，因为上午没事，我跟校领导聊天，看了看他们的课程表，惊了——学生们的课堂时间依旧是每节课45分钟。

我想起我上中学的时候，一节课也是45分钟。这么多年，一直没变。

你有没有发现，我们从小到大，一节课都是45分钟，休息10分钟，然后接着上一节课。

你是否想过，45分钟的教学时间真的是天经地义的吗？

如果不是天经地义，我们继续提出一些疑问：每年9月，一批新生跨入校门；每年6月、7月，一批毕业生离开校园，铁打的校园，流水的学生。这个月份又是怎么定下来的？是天经地义的吗？

我还记得许多家长为了赶 9 月入学，甚至把生孩子的日期都定好了，一定确保孩子在 8 月之前生下来。这听起来很离谱儿，但正在许多地方真实发生着。

这是过去和现在的教育，未来的教育会是什么样呢？

这里推荐一本书，朱永新先生的《未来学校》，书中有个大胆的假设：未来的学校可能会变成一个个学习中心，现在的学校，恐怕会荡然无存。

当然，这是一个大胆的假设，你可能不相信，但不要着急反驳。

人类社会不是一开始就有学校的。学校是人类发展到一定阶段的一个产物。这一产物，已经存在很久了，所以到未来，会有进化的可能。

未来的学校

学校从古至今可以分为四个阶段。

第一个阶段叫作前学校阶段。原始人围绕在火堆旁、大树边，听妈妈讲过去的故事，听族长说奇闻逸事，听那些天上飞的、水里游的、地上跑的故事都是这个阶段。

第二个阶段叫作学校阶段。我查了很多史料，学校雏形约出现于公元前 3500 年，是古巴比伦两河流域苏美尔人的"泥版书屋"；也有史料表明是公元前2500年，即古埃及的宫廷学校。但这些都慢慢演变成了现在的现代学校阶段。

第三个阶段叫作现代学校阶段，也就是我们现在的学校。

随着工业革命应运而生的现代学校，按照班级结构，有统一的教材、教学大纲、上课时间、教学内容、课程设置。

100多年前，中国还没有真正意义上的学校，更没有什么公立教育。接受教育是少数人才有的机会，这些人家必须非富即贵，才有机会接受教育。所以那个时候叫私塾，也就是你必须有钱，才会有老师去教你。到1905年废除了科举制度、开展了新学堂的改革，1909年国家教育机构才颁布了《改良私塾章程》，私塾才逐渐变成了近代小学。

我们现在的这种教学制度，比如45分钟制、入学毕业的时间，很多都是很久之前制定的。

可是，过了这么长时间，人类连基因都发生了一些变化，加上有了互联网，这一套逻辑还成立吗？

教育急需一场变革。

100多年后的今天，我们再看教育，会变成什么样？

教育可能会迎来第四个阶段——后学校阶段，即未来学校。

未来的教育

说到教育改革，突然想提到一个人——伊万·伊利奇。

伊利奇是一个全才，他研究过哲学、历史神学、人类学等看起来不相干的学科，还都研究得不错。20世纪70年代，伊利奇写了一本书——《去学校化社会》，这本书出版后一下子引起了热议，直到今天，这本书依旧对人们有着深远影响。

他在书里说现在的学校不仅阻碍了真正的教育的发展，还造就了无能力、无个性的人，造成了社会两极分化和新的不平等。

伊利奇呼吁废除学校对于教育的垄断，应该让教育者享有选择教育的权利，成为积极的消费者。当时他就提出一个很大胆的概念：要创造一个教育网络，任何人都可以通过社会生活和日常生活学习技能，并且将这些技能直接用到社会中。

这话竟然来自20世纪70年代，那个时候，还没有互联网，就已经有人开始想到不让学校垄断教育了。

这也就是伟大教育者的超强技能——他们永远看向未来。

这个技能，是很多大学生不具备，但对他们又极其重要的——远见。

大家有没有发现，我们在学校学的很多东西跟社会是脱节的，在社会中能用到的很少，于是你毕业等于失业。那些真正有用的知识，还要来到社会再去学习，这不荒谬吗？但仔细想想，也正是因为知识已经从学校里"走"了出来，没有被学校垄断，我们才能看到这么多。

无论怎么说，我们不得不承认现在的学校制度出现了问题。如果要总结，就是太强调效率优先，这背后是工业革命带来的产物——学校用工厂化的生产方式去"生产"人才。用统一的入学时间、上课时间、大纲、教材、教学制度、教学进度、考试来评价年龄相同，但是个性和能力完全不一样的人。

人才怎么可能整齐划一呢？你现在用整齐划一的教育模式去教育孩子，然后安排他们的生活跟学习，那你培养出来的是什么？

就是一群毫无个性、永远听话、没有想法的年轻人。

那怎么可能指望这些年轻人之中突然有人站出来说自己跟这个世界是不一样的？

古希腊有一个怪物叫普洛克路斯忒斯，他有一张铁床，经常邀请人们在家里过夜，但是只有身高跟床一样的人才可以睡觉。比床长的人要砍掉腿，比床短的人要强制拉得跟床一样长。

这个床，像不像我们现在的教育制度？像不像我们现在的学校？

这就是我在本书里不停鼓励大家用好互联网的原因。因为在这个时代，你可以通过一根网线，看到更大的世界、听到不一样的课、见到不一样的人，你可以变得不一样。

千万不要小看互联网。人类通过多少年的努力，才让互联网教育走到每位大学生的身边。2000年初，国外最先尝试MOOC（慕课）的方式，让更多知识离开学校。MOOC是开放课程的英文简称，M 代表 Massive（大规模的）；第一个 O 代表 Open（开放），不分国籍、不分区域，你只要注册，就能够上课；第二个 O 代表 Online（在线学习）；C 代表 Courses（课程）。

令人吃惊的是，2011 年的秋季，190 多个国家加入了慕课，其中 16 万人同时注册了斯坦福的人工智能导论课程。当时有教育家说："它有没有可能变成一场真正的教育革命？"

慕课的出现，代表着大学即将迎来革命，未来的新型大学即将应运而生。

接着，是大量的资本、人力、资源进入这个领域。

在慕课方兴未艾之时，又出现了私播课。

私播课也就是 SPOC（Small Private Online Course），即小型私人的在线课。私播课还没有火遍大江南北，小型一对一在线课、直播课又应运而生。

据美国科罗拉多大学博尔德分校教育学院发布的《理解和改进全日制网上学校》统计，全美国有 240 万名学生在家上学。

这种在家上课的案例，全国已经超过了 20 万。他们用一根网线就可以把更好的知识收集起来，父母解决陪伴的问题，他们也可以去参加各种社交活动以及社团来拓展自己的人脉圈。这样的方式效率更高，还能让孩子拥有更幸福的童年。

你看，这就是未来的学校。

它可能不是学校，而是一个个学习中心。

无论未来的大学会不会变成这样，我们都应该做好准备。对每个大学生来说，未来并不是未来，而是已来，我们必须时刻做好准备。

学历和学力

如果我们不以文凭为中心，而是以学生为中心；不以教材为中心，而是以知识为中心，教育就会发生很大的变化。

20世纪五六十年代之前，教育一直是以教材、文凭为中心。从20世纪80年代开始，对素质能力的关注开始慢慢变成主流，这个时候，教育才开始以知识、学生为中心。其实，当以知识和学生为中心，学历就变得不那么重要了。当以学生为中心，也就是说，自由是学生的权利，是不能被侵犯的。

独立造就领袖。尊重学生们的独立意识，让他们管理自己。只有独立行动，他们才能成长得更好。

有些学校对学生的控制欲太强了，好似一定要把学生控制得死死的。其实没有必要，人家都是成年人了。

在美国有一个叫瑟谷的学校就做得非常好。在这个学校，不管年龄多大，你只要入学了，你就为自己负责。

你的未来由你自己规划，你的个人事务由你自己来决定。学校只给你提供教室、工作室、图书馆、设备，即公共资源全部给你使用。你想怎么使用就怎么使用,你不找他们,他们也不找你。

老师、教管对学生来说像服务员一样,随时等着你去找他,你不找他,他绝对不找你。

没有班长,没有学习委员,没有班主任,就是按照自己的兴趣点组成一个个兴趣小组,在共同的兴趣当中,自己管理,自己制订计划,然后考虑怎么实施。

兴趣这个东西是多变的,你今天对这个有兴趣,明天就没了,那怎么办呢?没关系,都由学生自己决定。你的兴趣转移了,你就离开这个兴趣小组。

在学校,学生对老师的影响很大。如果一群学生反映老师不好,给他打零分,老师就不再教书了。决定一个老师能否被续聘的,也是学生。这就是以学生为中心,这所学校鼓励每一个学生去做自己想做的事,但是你要为自己负责任。所以每个学生早上起来的第一件事就是问自己,什么事对自己来说是重要的、什么是不重要的。

这样的学校会不会培养出那种自由散漫、融不进社会的学生?

有人对这所学校自建校以来50年的毕业生做了跟踪调查,发现这所学校毕业生的管理才能比许多学校的学生优秀得多。管理人才是这所学校的一大亮点。《未来学校》一书里给出一个大胆的假设,在未来,"学力"比"学历"重要得多。因为学历只证明着过去，而"学力"才意味着未来。如果我们不能成为一个善于学习的人，我们肯定会被淘汰。

我们大学四年学的这些东西，其实在社会上几个月、几年就用完了，甚至用的时间更短，你必须有持续学习的能力。这本书里，我经常说上大学你要培养自学能力，以及发现问题、解决问题的能力。这些比你获得学历重要得多，你要为自己负责。

你做好为自己的未来负责的准备了吗？

你需要做什么

所以，作为大学生，你需要做什么？

我想就以这段话作为结尾吧。

你需要做的是，从今天起，为自己的未来负责。

想学什么，就去找相应的资源；想成就什么，就去找通往那里的门；想成为什么样的人，就要朝着什么路去走。

走入成年人的世界，你就要学会独立自主、坚强有韧性，在孤独中成长，在痛苦中涅槃，在低谷中寻找期待。

愿你逆风不惧怕，勇往直前。